U0295035

住房城乡建设部土建类学科专业“十三五”规划教材
住房和城乡建设部中等职业教育市政工程
施工与给水排水专业指导委员会规划推荐教材

水质检测与分析

（给排水工程施工与运行专业）

季　强　主　编
吴　梅　倪树华　副主编
李　芸　主　审

中国建筑工业出版社

图书在版编目(CIP)数据

水质检测与分析/季强主编. —北京：中国建筑工业出版社，2015.9（2024.11重印）
住房城乡建设部土建类学科专业“十三五”规划教材. 住房和城乡建设部中等职业教育市政工程施工与给水排水专业指导委员会规划推荐教材（给排水工程施工与运行专业）
ISBN 978-7-112-18485-9

Ⅰ.①水… Ⅱ.①季… Ⅲ.①水质监测-中等专业学校-教材②水质分析-中等专业学校-教材 Ⅳ.①TU991.21 ②X832

中国版本图书馆CIP数据核字(2015)第225429号

本教材主要内容包括水质检测准备、色度测定、水中悬浮物的测定、水的电导率测定、水的碱度与pH值的测定、水中总硬度的测定、水中可溶性氯化物的测定、水中生化需氧量的测定、水中化学需氧量的测定、水中 Fe^{2+}、Mn^{2+}、Cr^{6+} 的测定、水中余氯的测定、水的浊度测定、氮、磷化合物的测定、水的细菌学检验和活性污泥生物相的观察共15个项目。教材紧紧围绕水质检测与分析相关职业能力的培养，结合水质检验工职业资格鉴定要求，将相关职业活动分解成若干典型的工作任务，由浅入深、图文并茂，体现了科学性、实用性、可操作性。

本书适用于中职学校给排水专业师生使用，也可作为相关专业人员参考用书。

为便于教学和提高学习效果，本书作者制作了教学课件，索取方式为：1. 邮箱 jckj@cabp.com.cn，2917266507@qq.com；2. 电话（010）58337285；3. 建工书院 http://edu.cabplink.com；4. 交流QQ群 796494830。

* * *

责任编辑：陈 桦 聂 伟 刘平平
责任校对：张 颖 刘梦然

住房城乡建设部土建类学科专业“十三五”规划教材
住房和城乡建设部中等职业教育市政工程
施工与给水排水专业指导委员会规划推荐教材
水质检测与分析
（给排水工程施工与运行专业）
季 强 主 编
吴 梅 倪树华 副主编
李 芸 主 审
*
中国建筑工业出版社出版、发行（北京海淀三里河路9号）
各地新华书店、建筑书店经销
北京科地亚盟排版公司制版
建工社（河北）印刷有限公司印刷
*
开本：787×1092毫米 1/16 印张：12¾ 字数：309千字
2015年12月第一版 2024年11月第五次印刷
定价：**28.00**元（赠教师课件）
ISBN 978-7-112-18485-9
（27644）

本系列教材编委会

序言

住房和城乡建设部中等职业教育专业指导委员会是在全国住房和城乡建设职业教育教学指导委员会、住房和城乡建设部人事司的领导下，指导住房城乡建设类中等职业教育（包括普通中专、成人中专、职业高中、技工学校等）的专业建设和人才培养的专家机构。其主要任务是：研究建设类中等职业教育的专业发展方向、专业设置和教育教学改革；组织制定并及时修订专业培养目标、专业教育标准、专业培养方案、技能培养方案，组织编制有关课程和教学环节的教学大纲；研究制订教材建设规划，组织教材编写和评选工作，开展教材的评价和评优工作；研究制订专业教育评估标准、专业教育评估程序与办法，协调、配合专业教育评估工作的开展等。

本套教材是由住房和城乡建设部中等职业教育市政工程施工与给水排水专业指导委员会（以下简称专指委）组织编写的。该套教材是根据教育部2014年7月公布的《中等职业学校市政工程施工专业教学标准（试行）》、《中等职业学校给排水工程施工与运行专业教学标准（试行）》编写的。专指委的委员专家参与了专业教学标准和课程标准的制定，并将教学改革的理念融入教材的编写，使本套教材能体现最新的教学标准和课程标准的精神。目前中等职业教育教材建设中存在教材形式相对单一、教材结构相对滞后、教材内容以知识传授为主、教材主要由理论课教师编写等问题。为了更好地适应现代中等职业教育的需要，本套教材在编写中体现了以下特点：第一，体现终身教育的理念；第二，适应市场的变化；第三，专业教材要实现理实一体化；第四，要以项目教学和就业为导向。此外，教材中采用了最新的规范、标准、规程，体现了先进性、通用性、实用性。

本套系列教材凝聚了全国中等职业教育“市政工程施工专业”和“给排水工程施工与运行专业”教师的智慧和心血。在此，向全体主编、参编、主审致以衷心的感谢。

教学改革是一个不断深化的过程，教材建设是一个不断推陈出新的过程，需要在教学实践中不断完善，希望本套教材能对进一步开展中等职业教育的教学改革发挥积极的推动作用。

住房和城乡建设部中等职业教育市政工程施工与给水排水专业指导委员会

2015年10月

前言 Preface

本教材是住房和城乡建设部中等职业教育市政工程施工与给排水专业指导委员会推荐教材（给排水工程施工与运行专业），根据教育部2014年颁布的《中等职业学校给排水工程施工与运行专业教学标准（试行）》编写。

《水质检测与分析》是中等职业学校给排水工程施工与运行专业的专业技能课程。为了充分体现中等职业教育“理实一体化”的特色，贴近本专业岗位的实际需求，体现项目教学、任务驱动等行动导向的课程设计理念，把相关职业活动分解成若干个典型的工作任务，结合职业技能要求组织课程内容。通过完成水质分析的任务，引入必需的理论知识与技能，表述精炼、准确、科学，内容充分体现科学性、实用性、可操作性。教师可以根据实际的教学时数选取相关项目进行教学。

本教材由季强任主编，吴梅、倪树华任副主编，樊红梅、蔡丽琴、石瑛、肖梅、彭云华参编，上海市环境科学研究院教授级高级工程师李芸担任主审。项目1、3、4由樊红梅编写；项目2由季强编写；项目5、6由蔡丽琴编写；项目7～9由吴梅编写；项目10由石瑛编写；项目11、12由肖梅编写；项目13由彭云华编写；项目14、15由倪树华编写。

本教材在编写过程中，参考了大量的相关文献，在此，对文献的原作者表示衷心的感谢！

由于编者时间和水平有限，书中不妥之处在所难免，敬请广大读者批评指正！

目录 Contents

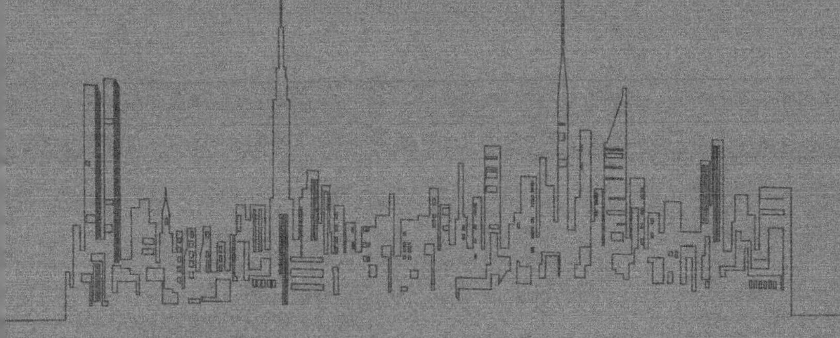

项目1 水质检测准备

【项目概述】

水质检测是指对水中的化学物质、悬浮物、底泥和水生态系统进行统一的定时或不定时的检测，测定水中污染物的种类、浓度及变化趋势，评价水质状况等工作。水质监测对整个水环境保护、水污染控制以及维护水环境健康方面起着至关重要的作用。在进行水质检测前，我们需要做哪些准备工作呢？这就是本项目所要学习的内容。

任务1.1 化验室的日常管理

【任务描述】

水质检测的很多项目都需要在化验室中完成，化验室是进行化验的场所，有许多仪器、设备和化学药品。化验室的管理问题非常重要：化学药品要分类存放保管，玻璃仪器要清洗干燥等。管理混乱的化验室存在很大的安全隐患，管理规范的化验室会提高工作效率。

【学习支持】（表1-1）

化验室常用仪器、设备一览表　　表1-1

仪器、设备	名　称	图　示	主要用途	使用注意事项
常用玻璃仪器	烧杯		配制溶液、溶解样品等	加热时应置于石棉网上，使其受热均匀，一般不可烧干

续表

仪器、设备	名　称	图　示	主要用途	使用注意事项
常用玻璃仪器	锥形瓶		加热处理试样和容量分析滴定	除有与上相同的要求外，磨口锥形瓶加热时要打开塞，非标准磨口要保持原配塞
	圆（平）底烧瓶		加热及蒸馏液体	一般避免直火加热，隔石棉网或各种加热浴加热
	圆底蒸馏烧瓶		蒸馏，也可作少量气体发生反应器	同上
	凯氏烧瓶	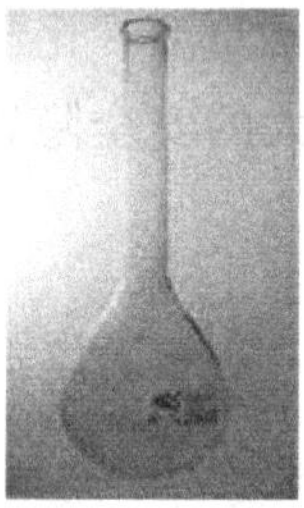	消解有机物质	置石棉网上加热，瓶口方向勿对向自己及他人
	洗瓶	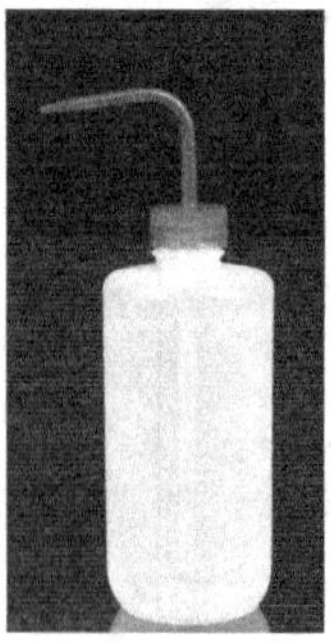	装纯化水洗涤仪器或装洗涤液洗涤沉淀	

续表

仪器、设备	名　称	图　示	主要用途	使用注意事项
常用玻璃仪器	量筒、量杯		粗略地量取一定体积的液体用	不能加热，不能在其中配制溶液，不能在烘箱中烘烤，操作时要沿壁加入或倒出溶液
	量瓶		配制准确体积的标准溶液或被测溶液	非标准的磨口塞要保持原配；漏水的不能用；不能在烘箱内烘烤，不能用直火加热，可水浴加热
	滴定管		容量分析滴定操作；分酸式、碱式	活塞要原配；漏水的不能使用；不能加热；不能长期存放碱液；碱式管不能放与橡皮作用的滴定液
	移液管		准确地移取一定量的液体	不能加热；上端和尖端不可磕破
	刻度吸管		准确地移取各种不同量的液体	同上

续表

仪器、设备	名　称	图　示	主要用途	使用注意事项
常用玻璃仪器	称量瓶	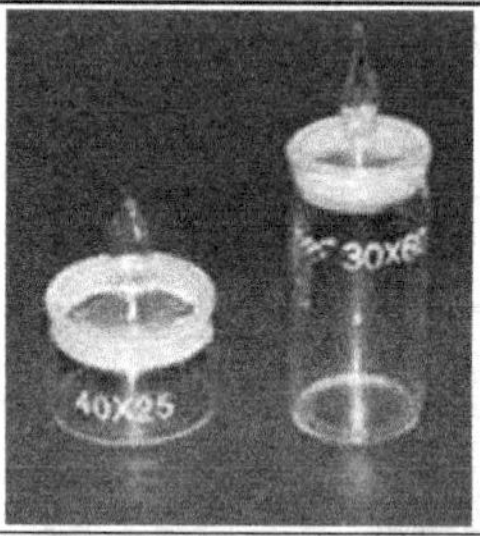	矮形用作测定干燥失重或在烘箱中烘干基准物；高形用于称量基准物、样品	不可盖紧磨口塞烘烤，磨口塞要原配
	试剂瓶：细口瓶、广口瓶、下口瓶		细口瓶用于存放液体试剂；广口瓶用于装固体试剂；棕色瓶用于存放见光易分解的试剂	不能加热；不能在瓶内配制在操作过程放出大量热量的溶液；磨口塞要保持原配；放碱液的瓶子应使用橡皮塞，以免日久打不开
	滴瓶	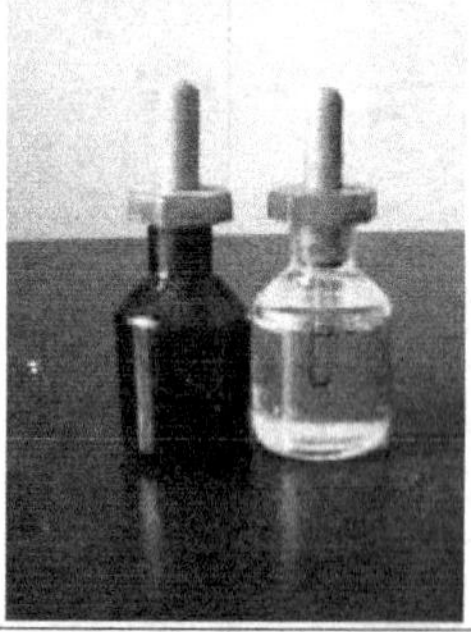	装需滴加的试剂	同上
	漏斗	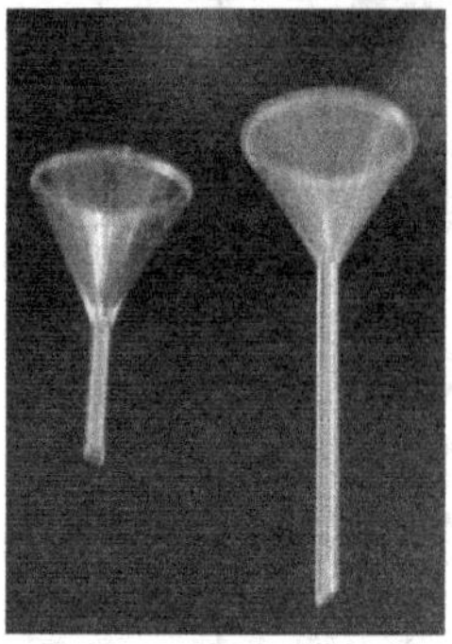 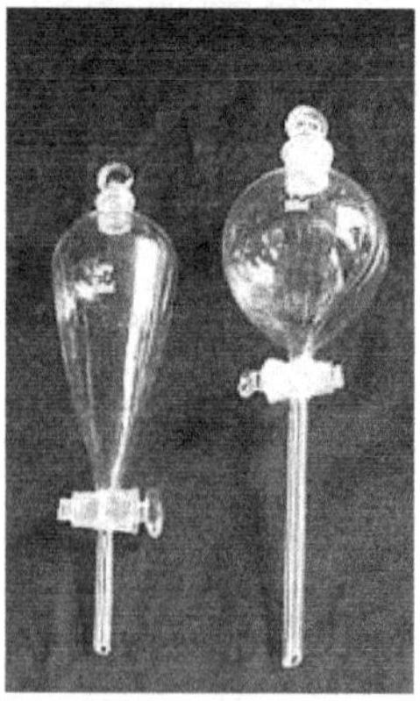	长颈漏斗用于定量分析，过滤沉淀；短颈漏斗用作一般过滤，分液漏斗用于分开两种互不相溶的液体；用于萃取分离和富集	不能用火直接加热；长颈漏斗的下端应插入液面下；分液漏斗使用前需检验是否漏水

续表

仪器、设备	名　称	图　示	主要用途	使用注意事项
常用玻璃仪器	试管：普通试管、离心试管		定性分析检验离子；离心试管可在离心机中借离心作用分离溶液和沉淀	硬质玻璃制的试管可直接在火焰上加热，但不能骤冷；离心管只能水浴加热
	比色管		比色、比浊分析	不可直火加热；非标准磨口塞必须原配；注意保持管壁透明，不可用去污粉刷洗
	冷凝管：直形、球形、蛇形、空气冷凝管		用于冷却蒸馏出的液体，蛇形管适用于冷凝低沸点液体蒸汽，空气冷凝管用于冷凝沸点150℃以上的液体蒸汽	不可骤冷骤热；注意从下口进冷却水，上口出水
	抽滤瓶		抽滤时接受滤液	属于厚壁容器，能耐负压；不可加热
	表面皿		盖烧杯及漏斗等	不可直火加热，直径要略大于所盖容器

续表

仪器、设备	名　称	图　示	主要用途	使用注意事项
常用玻璃仪器	研钵		研磨固体试剂及试样等用；不能研磨与玻璃作用的物质	不能撞击；不能烘烤
	干燥器		保持烘干或灼烧过的物质的干燥；也可干燥少量制备的产品	底部放变色硅胶或其他干燥剂，盖磨口处涂适量凡士林；不可将红热的物体放入，放入热的物体后要时时开盖以免盖子跳起或冷却后打不开盖子
常用电器	水浴锅	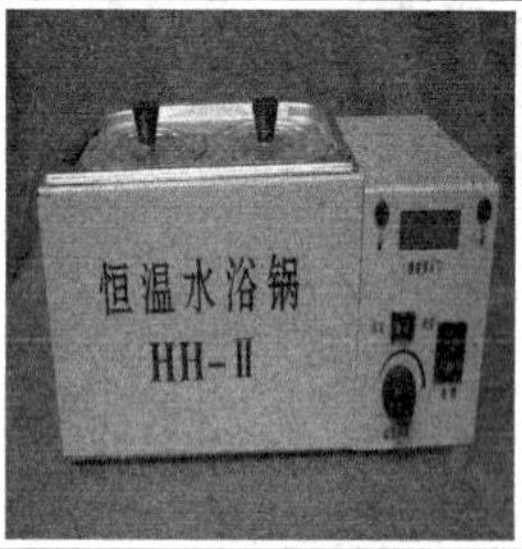	当被加热的物体要求受热均匀，温度不超过100℃，可以水浴	使用时，加入清水（最好用纯水），水位一定保持不低于电热管，防止烧坏电热管
	磁力搅拌器		通常具有加热、控温、电磁搅拌功能。是一种密闭式电炉，有独立开关，并能调节加热功率	使用时要注意个人防护以免被烫伤；搅拌时，应注意容器放置于合适的位置，防止搅拌子接触容器壁，影响搅拌速度甚至打破容器；同时搅拌速度调节不能过快，防止溶液飞溅；一般在搅拌时都要给容器加盖或封上塑料膜防止液体蒸发
	马弗炉	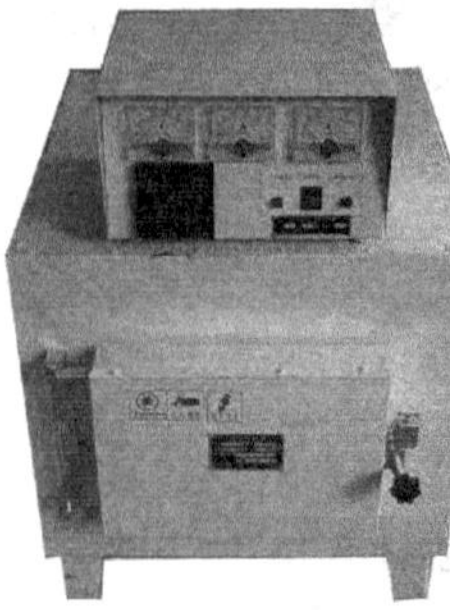	温度范围0～1300℃	马弗炉周围不能存放化学试剂及易燃易爆物品；马弗炉要专用电闸控制电源和独立的电源线；在马弗炉内进行熔融或灼烧时，必须控制操作条件、升温速度和最高温度，灼烧完毕，应立即切断电源，不应立即打开炉门，以免炉膛突然受冷破裂；马弗炉不用时，应切断电源，将炉门关好，防止耐火材料受潮气侵蚀

续表

仪器、设备	名　称	图　示	主要用途	使用注意事项
常用电器	烘箱		用于室温至300℃范围内的恒温烘焙、干燥、热处理等	注意安全用电；放入试品时要注意排列不能太密；禁止烘焙易燃、易爆、易挥发及有腐蚀性的物品；使用时温度不要超过烘箱的最高使用温度；取放试品时要用专门工具
	冰箱		用于低温保存样品、试剂和菌种	化验室冰箱应有独立电源，冰箱内的物品不宜存放过满，使冷空气可以流通，保持温度均匀，冰箱要远离热源，背后排风口不能堵塞，化验室冰箱绝不可放食用食品
	空调		调节化验室内的温度、排除湿气、循环和过滤室内空气	空调必须定期清洗滤网，保持散热效果良好。微生物室等专用空调还应定期检查高效过滤器的效果
常用精密仪器	电子分析天平		最大称量范围可从1克到几百克，分辨率可到0.01mg。可分为： 超微量电子天平：超微量天平的最大称量是2～5g；微量天平：微量天平的称量一般在3～50g；半微量天平：半微量天平的称量一般在20～100g；常量电子天平：此种天平的最大称量一般在100～200g	电子天平电源线中的接地线必须可靠接地，并远离强用电设备； 电子天平在安装后或移动位置后必须进行校准； 电子天平应按说明书的要求进行预热； 操作天平不可过载使用，被称物应放在干燥清洁的器皿中称量； 称量完毕后，及时取出被称物品，并保持天平清洁； 同一个实验应使用同一台天平进行称量，以免因称量而产生误差

续表

仪器、设备	名　称	图　示	主要用途	使用注意事项
常用精密仪器	温度计		常用的水银温度计是膨胀式温度计的一种，水银的凝固点是－38.87℃，沸点是356.7℃，可以测量－60～300℃范围的温度。用它来测量温度，不仅比较简单直观，而且还可以避免外部远传温度计的误差	玻璃温度计读数应注意眼睛与温度计内的液面处于同一水平。避免因视差引起的读数偏差。 切勿让温度计在超出其工作范围的环境条件下使用。 使用玻璃温度计应轻拿轻放，尽量避免与硬物碰撞或剧烈振动，以免温度计受损或影响测试的准确性。 使用完毕放在盒子里，不可将温度计贮囊向上放置。 玻璃温度计应避免在温差较大的样品中交互使用。 使用前检查温度计有无破裂。如果水银温度计破裂应做如下处理： 1）立即用硫磺粉覆盖漏出来的水银及破裂的温度计。 2）使用后的硫磺粉根据MSDS指引处理这些化学废弃物。 3）现场应立即打开窗户，同时所有人员不应在现场逗留

【任务实施】

一、玻璃仪器的洗涤与存放

1. 玻璃仪器的洗涤方法

（1）洁净剂及其使用范围

最常用的洁净剂有肥皂、合成洗涤剂（如洗衣粉）、洗液（清洁液）、有机溶剂等。

肥皂、合成洗涤剂等一般用于可以用毛刷直接刷洗的仪器，如烧瓶、烧杯、试剂瓶等非计量及非光学要求的玻璃仪器。

肥皂、合成洗涤剂也可用于滴定管、移液管、量瓶等计量玻璃仪器的洗涤，但不能用毛刷刷洗。

洗液多用于不能用毛刷刷洗的玻璃仪器，如滴定管、移液管、量瓶、比色管、玻璃垂熔漏斗、凯氏烧瓶等特殊要求与形状的玻璃仪器；也用于洗涤长久不用的玻璃仪器和毛刷刷不掉的污垢。

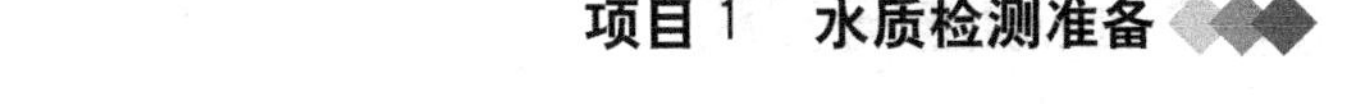

（2）洗液的配制及使用注意事项

化验室常用强酸氧化剂洗液，其配制方法如下：

铬酸洗液的配制：

	配方1	配方2
重铬酸钾（钠）	10g	200g
纯化水	10ml	100ml（或适量）
浓硫酸	100ml	1500ml

制法：称取处方量之重铬酸钾，于干燥研钵中研细，将此细粉加入盛有适量水的玻璃容器内，加热，搅拌使溶解，待冷后，将此玻璃容器放在冷水浴中，缓慢将浓硫酸断续加入，不断搅拌，勿使温度过高，容器内容物颜色渐变深，并注意冷却，直至加完混匀，即得。

注意：① 硫酸遇水能产生强烈放热反应，故须等重铬酸钾溶液冷却后，再将硫酸缓缓加入，边加边搅拌，不能相反操作，以防发生爆炸。

② 清洁液专供清洁玻璃器皿之用，它能去污去热源作用的原因为本品具有强烈的氧化作用。

（3）用清洁液清洁玻璃仪器之前，最好先用水冲洗仪器，洗取大部分有机物，尽可能仪器空干，这样可减少清洁液消耗和避免稀释而降效。

（4）本品可重复使用，但溶液呈绿色时已失去氧化效力，不可再用，但能更新再用。

更新方法：取废液滤出杂质，不断搅拌缓慢加入高锰酸钾粉末，每升约6～8g，至反应完毕，溶液呈棕色为止。静置使沉淀，倾取上清液，在160℃以下加热，使水分蒸发，得浓稠状棕黑色液，放冷，再加入适量浓硫酸，混匀，使析出的重铬酸钾溶解，备用。

（5）硫酸具有腐蚀性，配制时宜小心。

（6）用铬酸清洁液洗涤仪器，是利用其与污物起化学反应的作用，将污物洗去，故要浸泡一定时间，一般放置过夜（根据情况）；有时可加热一下，使有充分作用的机会。

2. 洗涤玻璃仪器的方法与要求

（1）常法洗涤仪器：洗刷仪器时，应首先将手用肥皂洗净，以免手上的油污物沾附在仪器壁上，增加洗刷的困难。先用自来水冲洗一下，然后用肥皂、洗衣粉用毛刷刷洗，再用自来水清洗，最后用纯化水冲洗3次（应顺壁冲洗并充分震荡，以提高冲洗效果）。计量玻璃仪器（如滴定管、移液管、量瓶等）：也可用肥皂、洗衣粉的洗涤，但不能用毛刷刷洗。精密或难洗的玻璃仪器（滴定管、移液管、量瓶、比色管、玻璃垂熔漏斗等）：先用自来水冲洗后，沥干，再用铬酸清洁液处理一段时间（一般放置过夜），然后用自来水清洗，最后用纯化水冲洗3次。一个洗净的玻璃仪器应该不挂水珠（洗净的仪器倒置时，水流出后器壁不挂水珠）。

（2）做痕量金属分析的玻璃仪器，使用1∶1～1∶9的HNO_3溶液浸泡，然后进行常法洗涤。

（3）进行荧光分析时，玻璃仪器应避免使用洗衣粉洗涤（因洗衣粉中含有荧光增白剂，会给分析结果带来误差）。

（4）分析致癌物质时，应选用适当的洗消液浸泡，然后再按常法洗涤。

3. 玻璃仪器的干燥

化验经常用到的仪器应在每次化验完毕后洗净干燥备用。不同化验项目对干燥有不同的要求，应根据不同要求进行仪器干燥。

（1）晾干

不急用的仪器，可放在仪器架上在无尘处自然干燥。

（2）烘干

急用的仪器可用玻璃仪器气流烘干器干燥（温度在60～70℃为宜）。计量玻璃仪器应自然沥干，不能在烘箱中烘烤。

（3）热、冷风吹干

对急于干燥的仪器且不适于放入烘箱中的仪器可用吹干的办法，通常用少量乙醇、丙酮（或最后再用乙醚）倒入已控去水分的仪器中摇洗，然后用电吹风机吹，开始用冷风吹，当大部分溶剂挥发后吹入热风至完全干燥，再用冷风吹去残余蒸汽，不使其又冷凝在容器中。

4. 玻璃仪器的保管

要分门别类存放在试验柜中，要放置稳妥，高的、大的仪器放在里面。需长期保存的磨口仪器要在塞间垫一张纸片，以免日久粘住。

二、化学试剂的分类与保管

1. 原装化学试剂的存放与管理

大部分化学试剂都具有一定的毒性，有的是易燃易爆的危险品，因此，必须了解药品的性质，避开引起试剂变质的各种因素，以便妥善保管。

较大量的化学药品应放在药品储藏室内，专人保管；储藏室应位于朝北的房间，以避免阳光照射；室内温度不能过高，一般应保持15～20℃，最高不要高于25℃，室内保持一定的湿度，相对湿度最好在40%～70%；室内应通风良好，严禁明火！危险化学药品应按照国家公安部门的规定管理。一般化学药品应存放如下：

（1）无机物

盐类及氧化物（按周期表分类存放）：如钠、钾、铵、镁、钙、锌等的盐及CaO、MgO、ZnO等；

碱类：$NaOH$、KOH、$NH_3 \cdot H_2O$等；

酸类：H_2SO_4、HNO_3、HCl、$HClO_4$等。

（2）有机物

按官能团分类存放：烃类、醇类、酚类、酯类、羟酸类、胺类、卤代烷类和苯系物。

（3）指示剂类

其分为酸类指示剂、氧化还原指示剂、配位滴定指示剂和荧光指示剂等。

剧毒试剂（如$NaCN$、As_2O_3、$HgCl_2$等）必须安全使用和妥善保管。

2. 化学试剂的使用与保管

这里所指的试剂，是指化验室配制的，直接用于化验的各种浓度的试剂。化学试剂使用不当或保管不善，极易变质或沾污，从而导致分析结果引起误差甚至造成失败。因

此，必须按要求使用和保管化学试剂。

（1）使用前要认清标签。取用时不可将瓶盖随意乱放，应将瓶盖反放在干净的地方，取完试剂后随手将瓶盖盖好。

（2）固体试剂应当用干净的药勺从试剂瓶中取出。液体试剂应当用干净的量筒或烧杯倒取，倒取时标签朝上，多余的试剂不准放回到原试剂瓶中，以防污染。

（3）有毒性的试剂，不管浓度大小，必须使用多少配制多少，若剩余少量也应该送到危险品化学毒物储藏室保管，或请主管部门适当处理掉。

（4）见光易分解的试剂装入棕色瓶中，其他试剂溶液也要根据其性质装入带塞的试剂瓶中，碱类及盐类试剂溶液不能装在磨口试剂瓶中，应使用胶塞或木塞。

（5）配好的试剂应立即贴上标签，标明名称、浓度、配制日期，贴在试剂瓶的中上部。废旧试剂不要直接倒入下水道里，特别是易挥发、有毒的有机化学试剂更不能直接倒入下水道中，应倒在专用的废液缸中。

（6）装在自动滴定管中的试剂，如滴定管是敞口的，应用小烧杯或纸套盖上，防止灰尘落入。

3. 化验室安全与卫生管理

化验室中，经常使用易破碎的玻璃仪器，易燃、易爆、具有腐蚀性或毒性的化学药品，电气设备及煤气灯。若不严格按照一定的规则使用，容易造成触电、火灾、爆炸及其他伤害性事故，因此，必须严格遵守化验室安全规则。

（1）必须了解化验室环境，充分熟悉化验室中水、电、天然气的开关，消防器材，急救药箱等的位置和使用方法，一旦遇到意外事故，即可采用相应措施。

（2）严禁任意混合各种化学药品，以免发生意外事故。

（3）倾倒试剂，开启易挥发的试剂瓶（如浓盐酸、丙酮、氨水等）及加热液体时，不要俯视容器口，以防液体溅出或气体冲出伤人。加热试管中的液体时，切不可将管口对着自己或他人，不可用鼻孔直接对着瓶口或试管闻气体的气味，而应该用手扇少量气体嗅闻。

（4）使用浓酸、浓碱、铬酸洗液等具有强腐蚀性的试剂时，切勿溅在皮肤和衣服上，如果溅到身上，先用抹布擦净，再用水冲洗。

（5）使用浓酸及有刺激性气味气体和有毒气体时，应在通风橱内进行。

（6）使用乙醚、乙醇、丙酮、苯等易燃性有机试剂时，要远离火源，用后盖紧瓶塞，放在阴凉处保存。

（7）一切有毒药品（如氰化物、砷化物、汞盐、钡盐等），使用时要格外小心，严防进入口内或接触伤口，剩余的废液切不可倒入下水道，要倒入回收瓶中，并及时处理。

（8）某些容易爆炸的试剂（如有机过氧化物、芳香族化合物、多硝基化合物），要防止受热和敲击。

（9）用电应遵守安全用电规程。

（10）电气设备、精密仪器等，在使用前必须熟悉使用方法和注意事项，严格按要求使用。

（11）气体钢瓶（乙炔气、氧气）的存放必须严格按照安全要求，氢气一般以自备气为宜。

（12）化验室的废液应用专用瓶回收，并送到有资质的企业集中处理。

（13）化验室严禁饮食、吸烟或存放餐具，不可用实验仪器盛放食物，一切化学药品禁止入口，实验药品或器材不得随便带出化验室，实验完毕要洗手，离开化验室时，要关好水、电、天然气、门窗等。

【评价】（表 1-2）

化验室安全管理检查表　　　　表 1-2

检查项目	检查重点	检查结果	异常处理记录
剧毒化学药品	剧毒危险品领用制度是否执行		
	药品名称是否标示清楚		
	各类药品是否按规定存放		
高压气体钢瓶设备	是否稳固放置		
	各压力表是否正常		
	储存处是否有易燃物、远离明火		
贵重仪器附属设备	是否有专人负责定期维护保养		
	有无安全防护（防尘、除湿等）措施		
污染防治	废气、废液、废物是否按要求处理排放		
	是否按规定控制噪声		
安全卫生防护用具	化验人员是否正确使用安全防护用品		
用电、消防及环境	电源线路、电器设备是否按规定安装		
	线路有无异常、是否超负荷用电		
	是否有违章用电		
	消防通道是否明示畅通		
	紧急照明系统是否良好		
	消防器材是否有效、人员会使用		
	室内是否保持整洁		
	人离开时是否关灯、关水、关门窗		
开展安全教育等情况			

【知识衔接】

化验室的 5S 管理

“5S”管理起源于日本，是指对生产现场环境全局进行综合考虑，并制订切实可行的计划与措施，从而达到规范化管理。将“5S”管理理念融入化验室管理中，有利于改善化验室环境和提高相关人员的职业素质，实现环境育人的目标。

1. “5S”管理内涵

“5S”是指整理（Seiri）、整顿（Seiton）、清扫（Seiso）、清洁（Seiketsu）和素养（Shitsuke）这 5 个词的缩写，其具体含义如下：

（1）整理

区分要与不要的东西，除了要用的东西以外，一切都不放置。

目的：将“空间”腾出来活用。

（2）整顿

把要的东西分门别类，按照规定的位置摆放整齐，明确数量，明确标示。

目的：不浪费“时间”找东西。

（3）清扫

清除职场内的脏污，并防止污染的发生。

目的：消除“脏污”，保持工作场所干干净净、明明亮亮。

（4）清洁

将上面 3S 实施的做法制度化，规范化，维持其成果。

目的：通过制度化来维持成果。

（5）素养

培养文明礼貌习惯，按规定行事，养成良好的工作习惯。

目的：提升“人的品质”，成为对任何工作都讲究认真的人。

2. 化验室的“5S”管理

“5S”管理主要针对企业的生产、操作现场。化验室与企业操作现场一样需要定期清扫、清洁、保持环境卫生，并形成制度化管理。但化验室也有与企业生产不尽相同的地方，一是化验室存有化学药品、实验设备，要规范、安全管理；二是一般学校化验室还肩负着对学生进行技能和素质的培养任务。因此，化验室实施“5S”管理不但能够促进安全使用，环境清洁卫生的作用，同时还是培养学生养成良好职业素养的载体。

不同的化验室可以根据“5S”管理内涵制定仪器设备定制存放制度、化学药品规范存放和取用制度等，制定检查评比标准。

仪器设备定制存放制度主要针对实验仪器设备管理，根据具体的化验室的需要分别定制仪器存放清单，使用者在使用前和使用后都要按照清单清点、洗涤、整理仪器，检查者也以按照清单检查仪器设备的存放是否规范和齐全。

化学药品规范存放制度主要是针对安全、规范管理。制度的主要内容应该是化学药品分类分级、摆放整齐和上锁管理、取用有数、使用安全等。规范管理的化验室，化学药品的使用更安全、用量更节约。是促进管理者和使用者素质和技能养成的良好渠道。

实施：“5S”可以解决化验室现场管理中的各种问题，例如，设备存放问题，安全问题，药品使用规范问题等；通过规范管理的加强，大大提高化验室使用效率，实施“5S”管理，可以减少浪费，降低事故发生率，让人身心愉快，提高工作效率。

【思考题】

1. 企业“5S”管理的内涵是什么？
2. 化验室如何执行“5S”管理标准？

任务 1.2　水样的采集与保存

【任务描述】

在水质分析中，绝大多数的污染物都是在现场采样后将样品送回化验室再进行分析测定，为了能够真实地反映水体的质量，除了采用精密的仪器和准确的分析技术之外，特别要注意水样的采集与保存。

【学习支持】

一、布点方法

供分析用的水样，应该能够充分代表该水体的全面性，并不能受到任何意外的污染，采样前必须做好实地调查和资料收集，包括水体的水文、气候、地质、地貌特征；水体沿岸城市分布和工业布局、污染源分布及排污情况、城市给水排水情况；水体功能区划分情况；实地勘察现场的交通状况、河宽、河床结构、岸边标志等。

1. 采样断面的设置

监测点位的布设、监测断面的布设在总体和宏观上须能反映水系或所在区域的水环境质量状况。各断面的具体位置须能反映所在区域环境的污染特征；尽可能以最少的断面获取有足够代表性的环境信息；同时还须考虑实际采样时的可行性和方便性。断面位置应避开死水区、回水区、排污口处，尽量选择顺直河段、河床稳定、水流平稳、水面宽阔、无急流、无浅滩处。监测断面力求与水文测流断面一致，以便利用其水文参数，实现水质监测与水量监测的结合。

对于江、河水系或某一河段，一般应设置3种断面：

（1）对照断面：指具体判断某一区域水环境污染程度时，位于该区域所有污染源上游处，能提供这一水系区域本底值的断面。反映进入本区域河流水质的初始情况。它布设在进入城市、工业排污区的上游，不受该污染区域影响的地点。通常一个河段只设一个对照断面。

（2）控制断面：指为了解水环境受污染程度及其变化情况的断面，即受纳某城市或区域的全部工业和生活污水后的断面。控制断面能反映本区域污染源对河段的影响，应设置在本区域排污口的下游，污染物与河水能较充分混合处。可根据河段沿岸的污染源分布情况，设置一至多个断面。

（3）消减断面：指污水在水体内流经一定距离而达到最大程度混合，污染物被稀释降解，其主要污染物浓度明显降低的断面。反映河流对污染物的稀释自净情况，应设置在控制断面的下游，河水与污染物充分混合污染物浓度有显著下降处。

监测断面数量的设置应根据掌握水环境质量状况的实际需要，考虑对污染物时空分布和变化规律的了解、优化基础上，以最少的断面、垂线和测点取得代表性最好的监测数据。

对于湖泊、水库采样断面的设置，根据汇入湖泊、水库的河流数量、水体径流量、季节变化及动态变化、沿岸污染源分布及污染源扩散与自净规律、水体的生态环境特点等具体情况，确定采样断面的位置。

2. 采样垂线和采样点的确定

采样断面设置后，应根据水面的宽度确定断面上的采样垂线，然后根据采样垂线的深度确定采样点的位置和数目，河流的垂线和采样点的设置见表1-3、表1-4。

采样垂线数的设置 表 1-3

水面宽	垂线数	说　明
≤50m	1条（中泓）	1. 垂线布设应避开污染带，如要测污染带应另加垂线。 2. 确能证明该断面水质均匀时，可仅设中泓垂线。 3. 凡在该断面要计算污染物通量时，必须按本表设置垂线
50～100m	2条（近左、右岸有明显水流处）	
>100m	3条（左、中、右）	

采样垂线上采样点的设置 表 1-4

水　深	采样点数	说　明
≤5m	1点（距水面 0.5m）	水深不足 1m 时，在 1/2 水深处
5～10m	2点（距水面 0.5m，河底以上 0.5m）	河流封冻时，在冰下 0.5m 处
>10m	3点（水面下 0.5m，1/2 水深，河底以上 0.5m）	若有充分数据证明垂线上的水质均匀，可酌情减少采样点

二、采样器材

常用的采样器有以下几种：

1. 聚乙烯塑料桶。

2. 单层采水瓶。

3. 直立式采水器。

4. 自动采样器。

玻璃瓶优点是内表面易清洗，在采微生物样品时，采样前可以灭菌。当采集的样品的待测组分为玻璃的主要成分时，最好选用聚乙烯容器。

三、水样的运输和保存

1. 水样的运输

水样采集后，必须尽快送回化验室。根据采样点的地理位置和测定项目最长可保存时间，选用适当的运输方式，并做到以下两点：

（1）为避免水样在运输过程中振动、碰撞导致损失或沾污，将其装箱，并用泡沫塑料或纸条挤紧，在箱顶贴上标记。

（2）需冷藏的样品，应采取制冷保存措施；冬季应采取保温措施，以免冻裂样品瓶。

2. 水样的保存方法

各种水质的水样，从采集到分析测定这段时间内，由于环境条件的改变，微生物新陈代谢活动和化学作用的影响，会引起水样某些物理参数及化学组分的变化，不能及时运输或尽快分析时，则应根据不同监测项目的要求，放在性能稳定的材料制作的容器中，采取适宜的保存措施。

（1）冷藏或冷冻法

冷藏或冷冻的作用是抑制微生物活动，减缓物理挥发和化学反应速度。

（2）加入化学试剂保存法

1）加入生物抑制剂：如在测定氨氮、硝酸盐氮、化学需氧量的水样中加入 $HgCl_2$，可抑制生物的氧化还原作用；对测定酚的水样，用 H_3PO_4 调至 pH 为 4 时，加入适量

$CuSO_4$，即可抑制苯酚菌的分解活动。

2）调节 pH 值：测定金属离子的水样常用 HNO_3 酸化至 pH 为 1～2，既可防止重金属离子水解沉淀，又可避免金属被器壁吸附；测定氰化物或挥发性酚的水样加入 NaOH 调至 pH 为 12 时，使之生成稳定的酚盐等。

3）加入氧化剂或还原剂：如测定汞的水样需加入 HNO_3（至 pH＜1）和 $K_2Cr_2O_7$（0.05%），使汞保持高价态；测定硫化物的水样，加入抗坏血酸，可以防止被氧化；测定溶解氧的水样则需加入少量硫酸锰和碘化钾固定溶解氧（还原）等。

应当注意，加入的保存剂不能干扰以后的测定；保存剂的纯度最好是优级纯的，还应作相应的空白试验，对测定结果进行校正。水样的保存期限与多种因素有关，如组分的稳定性、浓度、水样的污染程度等。

【任务实施】

一、地表水水质监测的采样

1. 采样频次与时间的确定：根据不同的水体功能、水文要素和污染源、污染物排放等实际情况，力求以最低的采样频次，取得最有时间代表性的样品，既要满足能反映水质状况的要求，又要切实可行。

（1）布设监测断面的河流（段）每年至少监测采样 3 次。分别在平水期、丰水期和枯水期各采样两次。

（2）国控监测断面（或垂线）每月采样一次。

（3）如某必测项目连续三年均未检出，且在断面附近确定无新增排放源，而现有污染源排污量未增的情况下，每年可采样一次进行测定。一旦检出，或在断面附近有新的排放源或现有污染源有新增排污量时，即恢复正常采样。

（4）如遇有特殊自然情况，或发生污染事故时，要根据需要随时增加采样频次。

（5）为特定的环境管理需要而设置的断面，应根据国家或地方的具体要求而定。

2. 采样器材的准备

采样器材主要是指采样器和水样容器，水样容器主要有聚乙烯塑料桶和玻璃瓶等，如新启用容器，则应事先做更充分的清洗，测定油类、BOD、DO、硫化物、余氯、粪大肠菌群、悬浮物、放射性等项目要单独采样，容器应做到定点、定项。

3. 采样

（1）一般项目的采样方法：采样前，首先要用水样冲洗水样容器 2～3 次，然后使桶迎着水流方向浸入水中水充满桶后，迅速提出水面，注意不可搅动水底的沉积物，还应避免水面漂浮物进入采样桶。

（2）特殊项目的采样方法：

① pH、电导率：由于水中的 pH 不稳定，且不易保存，因此需使用密闭性较好的容器，采好样品后立即紧密封严，隔绝空气。

② 溶解氧、生化需氧量：用碘量法测定水中的溶解氧，水样应直接采到采样瓶中，然后加入保存剂固定。采样时注意不要使水样曝气或有气泡残存在采样瓶中，通常我们

用虹吸法采样。

③ 油类：用棕色广口玻璃瓶单独采样，采集的样品全部用于分析，采样瓶要做一定标记，留占容器10%～20%的空间，采集样品至标线处。采样时，应连同表层水一并采集，当只测定水中乳化状态和溶解性油类物质时，应避开漂浮在水体表面的油膜层，在水下20～50cm处采样，采样时不可用水样冲洗采样瓶。

④ 微生物类：可用通过灭菌处理的带螺旋帽或磨口玻塞的广口瓶采样。采样时可握住瓶子的下部直接插入水中，约距水面10～15cm处，拔瓶塞，瓶口朝水流方向，使水样灌入瓶内然后盖上瓶塞，将采样瓶从水中取出。采样时不可用水样冲洗采样瓶，采样量一般为采样瓶容量的80%左右。采样完毕后，应在采样容器上贴上标签，然后认真填写水质采样与交接记录表，信息量尽量做到全面。

二、污水

1. 采样点位置的选择

（1）第一类污染物：含有此类污染物质的污水，不分行业和污水排放方式，也不分受纳水体的功能类别，一律在车间或车间处理设施排放口取样。第一类污染物是指能在环境或动物体内蓄积，对人体健康产生长远不良影响，包括：总汞、烷基汞、总镉、总铬、六价铬、总砷、总铅、总镍和苯并（α）芘。

（2）第二类污染物：指其长远影响小于第一类污染物质的环境污染物。检测这一类污染物时，在排污单位的排出口取样。除第一类污染物以外的其他检测项目一般都按本要求选择采样点位置第二类污染物指pH、色度、悬浮物、石油类、挥发酚、硫化物、氨氮、氟化物、磷酸盐、甲醛、苯胺类，硝基苯类、阴离子表面活性剂、铜、锰等。

2. 采样点设置要求

（1）在排污管道或排污渠道采样，采样点应在管道（渠道）平直、水流稳定的部位。

（2）当废水以水路形式排到公共水域时，为了不使公共水域的水倒流进排放口，在排放口应设置适当的堰，采样点布设在堰溢流处。

（3）为了解废水的处理效果，可在处理设施的进水口和出水口同步采样。

3. 采样时间和频次

（1）监督性监测：地方环境监测站对污染源的监督性监测每年不少于1次，如被国家或地方环境保护行政主管部门列为年度监测的重点排污单位，应增加到每年2～4次。因管理或执法的需要所进行的抽查性监测或对企业的加密监测由各级环境保护主管部门确定。

（2）排污单位为了确认自行监测的采样频次，应在正常生产条件下的一个生产周期内进行加密监测：周期在8h以内的，每小时采样1次；周期大于8h的，每2h采样1次，但每个周期采样次数不少于3次（根据管理需要进行污染源调查性监测时，也按此频次采样）。

三、地下水

对于自喷的泉水，可在涌口处直接采样。采集不自喷泉水时，将停滞在抽水管的水汲出，新水更替后，再进行采样。从井水采集水样，必须在充分抽汲后进行，以保证水样能代表地下水水源。

【评价】

一、过程评价(表 1-5)

表 1-5

项目	准确性		规范性	得分	备注
	独立完成	老师帮助下完成			
断面的设置					
采样点的选取					
采样器的准备					
水样的保存					
水样的运输					
结果计算					
综合评价:				综合得分:	

二、过程分析

水样为何要保存?常用的保存方法有哪些?

【知识衔接】

水样的分类

一、瞬时水样

瞬时水样是指从水中不连续地随机(就时间和断面而言)采集的单一样品,一般在一定的时间和地点随机采取。对于组分较稳定的水体,或水体的组分在相当长的时间和相当大的空间范围变化不大,采瞬时样品具有很好的代表性。

当水体的组成随时间发生变化,则要在适当时间间隔内进行瞬时采样,分别进行分析,测出水质的变化程度、频率和周期。当水体的组分发生空间变化时,就要在各个相应的部位采样。

二、混合水样

1. 等比例混合水样:指在某一时段内,在同一采样点位所采水样量随时间或流量成比例的混合水样。

2. 等时混合水样:指在某一时段内,在同一采样点(断面)按等时间间隔所采等体积水样的混合水样。时间混合样在观察平均浓度时非常有用。当不需要测定每个水样而只需要平均值时混合水样能节省监测分析工作量和试剂等的消耗(混合水样不适用于测试成分在水样储存过程中发生明显变化的水样,如挥发酚、油类、硫化物等)。

三、综合水样

综合水样是指从不同采样点同时采集的各个瞬时水样混合起来得到的样品。综合水

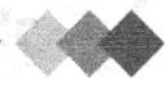

样在各点的采样时间虽然不能同步进行，但越接近越好，以便得到可以对比的资料。综合水样是获得平均浓度的重要方式，有时需要把代表断面上的几个点，或几个污水排放口的污水按相对比例流量混合，取其平均浓度。

什么情况下采综合水样，要视水体的具体情况和采样目的而定。如为几条排污河渠建成的综合处理厂，从各河道取单样分析就不如综合样更为科学合理，因为各股污水的相互反应可能对设施的处理性能及成分产生显著影响。不可能对相互作用的组分进行数学预测，取综合样可以提供更加有用的资料。

四、平均污水样

对于排放污水的企业而言，生产的周期性影响着排污的规律性。为了得到有代表性的污水样（往往要求得到平均浓度），应根据排污情况进行周期性采样。不同的工厂、车间生产周期时间长短不相同，排污的周期性差别也很大，一般地说，应在一个或几个生产排放周期内，按一定的时间间隔分别采样。

对于性质稳定的污染物，可对分别采集的样品进行混合后一次测定；对于不稳定的污染物可在分别采样、分别测定后取其平均值。污水的监测项目按照行业类别、排放方式各有不同。其采样的方法要根据以上几种水样的具体要求来采集样品。总的来说就是排污单位如有污水处理设施并能正常运转使污水能稳定排放，污染物排放也比较平稳，监督监测可以采瞬时样；对于排放有明显变化的不稳定排放污水，就必须根据情况分时间单元采样，再组成混合样品。如排放污水的流量、浓度甚至组分都有明显变化，则在各单元采样时的采样量应与当时的污水流量成比例，使混合样品更具代表性。

任务 1.3 水质分析质量控制

【任务描述】

水质分析的目的是准确测定水样中杂质的含量，当采集到具有代表性和有效性的样品送到化验室检测时，就必须对分析过程的各个环节进行严格的质量监控，以确保分析数据的准确性。

【学习支持】

一、有效数字

有效数字：分析工作中实际能测得的数字，包括全部可靠数字及一位不确定数字在内。有效数字中“0”有两种意义：

1. 是作为数字定位，如：在 0.312 中，小数点前面的“0”是定位用的，它有 3 位有效数字；在 0.012 中，“1”前面的 2 个“0”是定位用的，它有 2 位有效数字。

2. 是有效数字，如：在 10.1430 中，两个“0”都是有效数字，所以它有 6 位有效数字。

综上所述，数字之间的“0”和末尾的“0”都是有效数字，而数字前面所有的“0”

只起定位作用。以“0”结尾的正整数，有效数字的位数不确定。例如4500这个数，就不好确定几位有效数字。应根据实际有效数字位数书写来确定：

4.5×10^3　　　　2位有效数字

4.50×10^3　　　　3位有效数字

4.500×10^3　　　　4位有效数字

① 数字前0不计，数字后计入；

② 数字后的0含义不清楚时，最好用指数形式表示；

③ 自然数和常数可看成具有无限多位数（如倍数、分数关系）；

④ 数字的第一位数大于等于8的，可多计一位有效数字；

⑤ 对数与指数的有效数字位数按尾数计。

二、有效数字的修约规则

“四舍六入五成双”法则，即当位数≤4时舍去，尾数≥6时进位，尾数=5时，应视保留的末尾数是奇数还是偶数，5前为偶数时5应舍去，5前为奇数则进位。

如1.433→1.43　　　　4.854→4.85

2.456→2.46　　　　3.286→3.29

6.545→6.54　　　　6.535→6.54

数字修约规则这一法则具体应用如下：

1. 被舍弃的第一位数字大于5，则其前一位加1。

2. 若被舍弃的第一位数字等于5而其后数字全部为零，则按“四舍六入五成双”法则而定进或舍。

3. 若被舍弃的第一位数字等于5而其后数字并非全为零则进1。

4. 若被舍弃的数字包括几位数字时，不得对该数字进行连续修约，而应根据以上各条只做1次处理。

三、运算规则

加减法：当几个数据相加减时，它们和（或差）的有效数字位数，应以小数点后位数最少的数据为依据，因小数点后位数最少的数据的绝对误差最大。如3.68+110.4+7.8461=121.9，110.4的小数点后位数最少，因此取121.9。

乘除法：当几个数据相乘除时，它们积或商的有效数字位数，应以有效数字位数最少的数据为依据，因有效数字位数最少的数据的相对误差最大。如$0.025\times6.48\times8.6492=1.4$，0.025的有效数字位数最少（两位），因此取1.4。

【任务实施】

一、误差

测量值与真值之间的差异称为误差。

1. 真值（x_T）是试样中某组分客观存在的真实含量。客观存在，但绝对真值不可测。

测定值 x 与真值 x_T 相接近的程度称为准确度。

① 绝对误差：测量值与真值间的差值，用 E 表示：$E=x-x_T$。

② 相对误差：绝对误差占真值的百分比，用 E_r 表示

$$E_r=\frac{E}{x_T}\times100\%=\frac{x-x_T}{x_T}\times100\%$$

误差有正、负之分。当测定值大于真值时误差为正值，表示测定结果偏高；当测定值小于真值时误差为负值，表示测定结果偏低。

2. 系统误差与随机误差

根据误差的来源和性质不同可以分为系统误差、随机误差和过失误差。

（1）系统误差：又称可测误差，由测量过程中的某些恒定的原因造成的，使测定结果系统偏高或偏低，重复出现，其大小可测，具有“单向性”，可用校正法消除。

特点：

① 重现性：在相同的条件下，重复测定时会重复出现；

② 单向性：测定结果系统偏高或偏低；

③ 可测性：数值大小有一定规律。

（2）系统误差产生的原因

① 方法误差：由于分析方法不够完善，如滴定分析中，指示剂对反应终点的影响，使得滴定终点与化学计量点不能完全重合；

② 仪器误差：使用未校准仪器所致；

③ 操作误差：颜色观察；

④ 试剂误差：所使用试剂中含有杂质所致，如基准试剂纯度不够；

⑤ 主观误差：个人误差。

（3）随机误差：又称偶然误差。由不固定的因素引起的，是可变的，有时大，有时小，有时正，有时负。不可校正，无法避免，服从统计规律。不存在系统误差的情况下，测定次数越多其平均值越接近真值。一般平行测定 4～6 次。

（4）过失误差：又称粗差，是分析人员在测量过程中犯了不应有的错误造成的，如器皿不干净、错记读数、操作过程中样品损失等，如确知数据是由过失所引起的，无论结果好坏必须舍去。

二、偏差

平行测定结果相互靠近的程度，用偏差衡量。

偏差：测量值与平均值的差值，用 d 表示，它分为绝对偏差、相对偏差、平均偏差、相对平均偏差和标准偏差等。

绝对偏差：某一测定值与多次测量值平均值的差值　$d=x-\bar{x}$。

相对偏差：绝对偏差与多次测量值的均值之比　$R_d=\frac{d}{x}\times100\%$。

平均偏差：各单个偏差绝对值的平均值。

$$\bar{d}=\frac{\sum_{i=1}^{n}|x_i-\bar{x}|}{n}$$

相对平均偏差：平均偏差与测量平均值的比值。

$$\overline{d_r}=\frac{\bar{d}}{\bar{x}}\times100\%=\frac{\sum_{i=1}^{n}|x_i-\bar{x}|}{n\bar{x}}\times100\%$$

当测定次数较多时，常用标准偏差 s 或相对标准偏差 RSD 来表示一组平行测定值的精密度。

$$s=\sqrt{\frac{\sum_{i=1}^{n}(x_i-\bar{x})^2}{n-1}}$$

$$RSD=\frac{s}{\bar{x}}\times100\%$$

极差：又称全距，是测定数据中的最大值与最小值之差。$R=x_{max}-x_{min}$

三、准确度与精密度

准确度表示分析结果与真实接近的程度，精密度表示多次平行测定结果之间的符合程度。准确度由系统误差和随机误差决定，精密度由随机误差决定。所以，准确度高一定需要精密度好，精密度是保证准确度好的前提；但精密度好不一定准确度高（图 1-1），甲所测得结果的准确度和精密度都好，结果可靠，乙的分析结果虽然精密度高，但准确度较低，丙的准确度和精密度都很差，而丁的精密度很差，虽然结果的平均值或许很接近真实值，但结果也不可取。

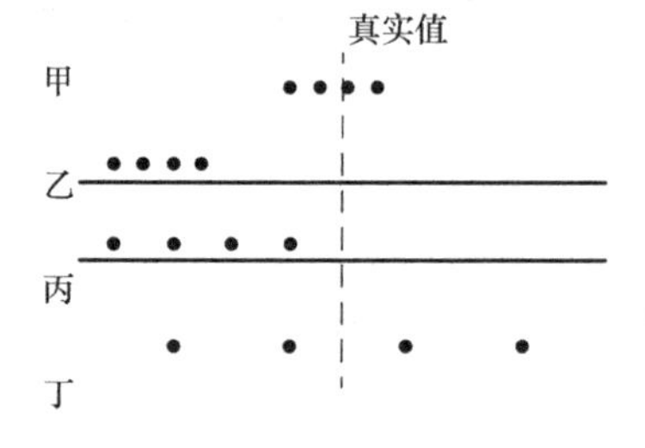

图 1-1　不同人员分别测试同一水样的结果

四、可疑值的取舍

偏离其他几个测量值较远的数据称为可疑数据。可疑数据产生的原因是试验条件发生了变化或在实验中出现了过失误差，在数据处理中必须剔除离群数据以使测定结果更符合客观实际。可疑数据的取舍通常采用统计方法判别，检验的方法很多，其中 Q 检验法较严格且使用方便。

Q 检验法步骤：

(1) 数据由小到大排列：x，x_1，x_2，…，x_n

(2) 计算最大值与最小值之差：x_n-x_1

(3) 求出可疑值 x_n 与其最邻近数之差：x_n-x_{n-1}

$$Q=\frac{x_n-x_{n-1}}{x_n-x_1}(x_n\text{ 为可疑值})\quad Q=\frac{x_2-x_1}{x_n-x_1}(x_1\text{ 为可疑值})$$

(4) 比较 Q 计算值和 $Q_{表}$

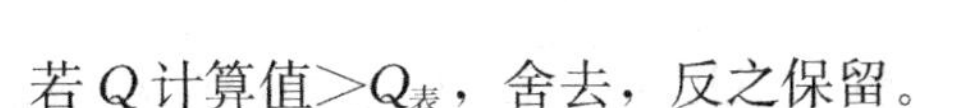

若Q计算值$>Q_{表}$，舍去，反之保留。

Q临界值表（置信度90%和95%）　　　　表1-6

测定次数	3	4	5	6	7	8	9	10
Q（0.90）	0.94	0.76	0.64	0.56	0.51	0.47	0.44	0.41
Q（0.95）	1.53	1.05	0.86	0.76	0.69	0.64	0.60	0.58

例：测定水样中钙的含量（mg/L），平行测定5次的数据分别为22.36、22.38、22.35、22.40、22.44。试用Q检验法确定22.44是否舍去（置信度为90%）。

解：将数据从小到大依次排列：22.35、22.36、22.38、22.40、22.44

$$Q=\frac{22.44-22.40}{22.44-22.35}=0.44$$

查表$n=5$时，$Q_{表}=0.64$　　$Q<Q_{表}$所以数据应保留。

五、不确定度

不确定度的含义是指因测量误差的存在，对被测量值的不能肯定的程度。同样也表明这个结果的可信赖程度，是测量结果质量的指标。不确定度越小，所述结果与被测的值越接近，质量越高，水平越高，它的使用价值越高；不确定度越大，测量结果的质量越低，水平越低，它的使用价值也就越低。在报告测量的结果时，必须给出相应的不确定度，以便使用它的人可以评定其可靠性，同时也增强了测量结果之间的可比性。

1. 定义

测量不确定度是指表征合理地赋予被测量之值的分散性，与测量结果相联系的参数。

通常测量结果的好坏用误差来衡量，但误差只能表现测量的短期质量。测量过程是否持续受控？测量结果是否能保持稳定一致？测量能力是否符合生产盈利的要求？需要用测量不确定度来衡量。测量不确定度越大，表示测量能力越差；反之，表示测量能力则越强。但是不管测量不确定度多小，测量不确定度范围必须包括真值（一般用约定真值代替），否则表示测量过程已经失效。

2. 作用

测量不确定度是当前对于误差分析中的最新理解和阐述，以前用测量误差来表述，但两者有完全不同的含义。更准确地定义应为测量不确定度，它表示由于测量误差的存在而对被测量值不能确定的程度。

在测量不确定度的发展过程中，人们从传统上理解它是“表征（或说明）被测量真值所处范围的一个估计值（或参数）”；也曾理解为“由测量结果给出的被测量估计值的可能误差的度量”。这些使用过的定义，从概念上来说是一个发展和演变过程，它们涉及被测量真值和测量误差这两个理想化的或理论上的概念（实际上是难以操作的未知量），而可以具体操作的则是现定义中测量结果的变化，即被测量之值的分散性。

早在20世纪70年代初，国际上已有越来越多的计量学者认识到使用“不确定度”代替“误差”更为科学，从此，不确定度这个术语逐渐在测量领域内被广泛应用。1978年国际计量局提出了实验不确定度表示建议书INC-1。1993年制定的《测量不确定度表示指南》得到了 BIPM、OIML、ISO、IEC、IUPAC、IUPAP、IFCC 七个国际组织的批准，由 ISO 出版，是国际组织的重要权威文献。我国已于 1999 年颁布了与之兼容的测量不确定度评定与表示计量技术规范。至此，测量不确定度评定成为检测和校准实验室必不可少的工作之一。

测量不确定度是一个新的术语，从根本上改变了将测量误差分为随机误差和系统误差的传统分类方法，它在可修正的系统误差修正以后，将余下的全部误差划分为可以用统计方法计算的（A 类分量）和其他方法估算的（B 类分量）两类误差。A 类分量是用多次重复测量以统计方法算出的标准偏差 σ 来表征，而 B 类分量是用其他方法估计出近似的“标准偏差” u 来表征，并可像标准偏差那样去处理 u。若上述分量彼此独立，通常可用方差合成的方法得出合成不确定度的表征值。由于不确定度是未定误差的特征描述，故不能用于修正测量结果。

3. 概念区别

（1）不确定度与误差

统计学家与测量学家一直在寻找合适的术语正确表达测量结果的可靠性。譬如以前常用的偶然误差，由于“偶然”二字表达不确切，已被随机误差所代替。“误差”二字的词义较为模糊，如讲“误差是±1%”，使人感到含义不清晰。但是若讲“不确定度是1%”则含义是明确的。因而用随机不确定度和系统不确定度分别取代了随机误差和系统误差。测量不确定度与测量误差是完全不同的概念，它不是误差，也不等于误差。

（2）测量不确定度和标准不确定度

测量不确定度是独立而又密切与测量结果相联系的、表明测量结果分散性的一个参数。在测量的完整的表示中，应该包括测量不确定度。测量不确定度用标准偏差表示时称为标准不确定度，如用说明了置信水准的区间的半宽度的表示方法则称为扩展不确定度。

测量的目的是为了确定被测量的量值。测量结果的品质是量度测量结果可信程度的最重要的依据。测量不确定度就是对测量结果质量的定量表征，测量结果的可用性很大程度上取决于其不确定度的大小。所以，测量结果表述必须同时包含赋予被测量的值及与该值相关的测量不确定度，才是完整并有意义的。

4. 不确定度评定

用对观测列的统计分析进行评定得出的标准不确定度称为 A 类标准不确定度，用不同于对观测列的统计分析来评定的标准不确定度称为 B 类标准不确定度。将不确定度分为“A”类与“B”类，仅为讨论方便，并不意味着两类评定之间存在本质上的区别，A 类不确定度是由一组观测得到的频率分布导出的概率密度函数得出；B 类不确定度则是基于对一个事件发生的信任程度。它们都基于概率分布，并都用方差或标准差表征。两类不确定度不存在那一类较为可靠的问题。一般来说，A 类比 B 类较为客观，并具有统计学上的严格性。测量的独立性、是否处于统计控制状态和测量次数决定 A 类不确定度的可靠性。

“A”、“B”两类不确定度与“随机误差”与“系统误差”的分类之间不存在简单的对应关系。“随机”与“系统”表示误差的两种不同的性质，“A”类与“B”类表示不确定度的两种不同的评定方法。随机误差与系统误差的合成是没有确定的原则可遵循的，造成对实验结果处理时的差异和混乱。而 A 类不确定度与 B 类不确定度在合成时均采用标准不确定度，这也是不确定度理论的进步之一。

5. 产生不确定度的原因

在实践中，测量不确定度可能来源于以下 10 个方面：

（1）对被测量的定义不完整或不完善；

（2）实现被测量的定义的方法不理想；

（3）取样的代表性不够，即被测量的样本不能代表所定义的被测量；

（4）对测量过程受环境影响的认识不周全，或对环境条件的测量与控制不完善；

（5）对模拟仪器的读数存在人为偏移；

（6）测量仪器的计量性能的局限性。测量仪器的不准或测量仪器的分辨力、鉴别力不够；

（7）赋予计量标准的值和参考物质（标准物质）的值不准；

（8）引用于数据计算的常量和其他参量不准；

（9）测量方法和测量程序的近似性和假定性；

（10）在表面上看来完全相同的条件下，被测量重复观测值的变化。

【评价】

一、过程评价（表 1-7）

表 1-7

项目	准确性		规范性	得分	备注
	独立完成	老师帮助下完成			
绝对误差的计算					
相对误差的计算					
绝对偏差的计算					
相对偏差的计算					
平均偏差的计算					
相对平均偏差的计算					
标准偏差的计算					
可疑值的取舍					
不确定度的定义					
产生不确定度的原因					
综合评价：				综合得分：	

二、过程分析

1. 准确度与精密度分别由什么因素决定？准确度与精密度之间的关系如何？

2. 不确定度与误差的区别。

【知识衔接】

化验室质量控制是指为将分析测试结果的误差控制在允许限度内所采取的控制措施。

它包括化验室内质量控制和化验室间质量控制两部分内容。

化验室内质量控制又称内部质量控制，它是化验室分析人员对测试过程进行自我控制的过程。依靠自己配置的质量控制样品，通过分析并应用某种质量控制图或其他方法来控制分析质量。

化验室间质量控制一般是指由通晓分析方法和质量控制程序的专家小组对化验室及其分析人员的分析质量定期或不定期试行考查的过程。包括分发标准样对诸化验室的分析结果进行评价、对分析方法进行协作实验验证、加密码样进行考察等。

一、化验室内质量控制主要从空白试验、校准曲线的核查、加标回收以及使用质量控制图等几个方面来控制。

1. 空白实验值控制

在常规分析中，每次测定样品时必须同时进行空白试验。采用与正式试验相同的器具、试剂和操作分析方法，对一种假定不含待测物质的空白样品进行分析，称为空白试验。空白试验测得的结果称为空白试验值。在进行样品分析时所得的值减去空白试验值得到的最终分析结果。空白试验值反映了测试仪器的噪声、试剂中的杂质、环境及操作过程中的沾污等因素对样品测定产生的综合影响，直接关系到测定的最终结果的准确性。空白试验值低，数据离散程度小，分析结果的精度随之提高，它表明分析方法和分析操作者的测试水平较高。当空白试验值偏高时，应全面检查试验用水、试剂、量器和容器的沾污情况、测量仪器的性能及试验环境的状态等，以便尽可能地降低空白试验值。

2. 标准曲线的绘制与线性检验

校准曲线包括工作曲线和标准曲线。工作曲线：曲线和样品的测定步骤完全一样，即需要预处理。标准曲线：曲线与样品的测定步骤不一样，即不需要做预处理。制备标准系列和校准曲线应与样品测定同时进行；求出校准曲线的回归方程式，计算相关系数 r。相关系数 r 应大于或等于 0.999，否则应找出影响校准曲线线性关系的原因，并尽可能加以纠正，重新测定及绘制新的校准曲线。利用校准曲线的响应值推测样品的浓度值时，其浓度应在所作校准曲线的浓度范围内，不得将校准曲线任意外延。

应用标准曲线的分析方法，都是在样品测得信息号后，从标准曲线上查的其含量（或浓度），因此，能否准确绘制标准曲线，将直接影响到样品分析结果的准确与否。

（1）标准曲线的绘制

溶液以纯溶剂为参比进行测量后，应先应用空白校正，然后绘制标准曲线。绘制时，一般根据 4～6 个浓度及其测量信号绘制。

（2）标准曲线的相关系数

绘制标准曲线所依据的两个变量的线性关系，决定着标准曲线的质量和样品结果的准确度。影响标准曲线线性关系的因素有以下几点：

① 分析方法。

② 分析仪器的精密度。

③ 量器的准确度。

④ 分析人员的操作水平等。

3. 平行双样

每次测定样品时必须同时进行平行试验。平行试验就是同一批取两个以上相同的样品，以完全一致的条件（包括温度、湿度、仪器、试剂，以及试验人）进行试验，看其结果的一致性，两样品间的误差是有国标或其他标准要求的。其作用是防止偶然误差的产生，反应试验的精密度。一般同一批次每10个样品加1个平行样。

4. 加标回收

向样品中加入一定量待测物质的标准溶液进行测定，计算加标回收率，保证方法的准确度。但有一定的局限性，在一批试样中，随机抽取10%～20%的试样进行加标回收测定，加标量不能过大，一般为样品含量的0.5～2倍，加标后的总含量不能超过测定上限。

5. 质量控制图

质量控制图是监测常规分析过程中可能出现的误差，控制分析数据在一定的精密度范围内，保证常规分析数据质量的有效方法。质量控制图的基本组成如图1-2所示：

（1）数据的积累：在短期日常测定工作中，对标准物质或质量控制样品多次重复测定至少20次，每次测定的工作质量应达到规定的精密度和准确度；

（2）对积累数据进行统计处理，计算平均值、标准偏差S、$\pm 2S$和$\pm 3S$；

（3）在坐标纸上，以测定序号为横轴，测定值为纵轴，将中心线、上下警告限（±2S）、上下控制限（$\pm 3S$）绘制在图中。

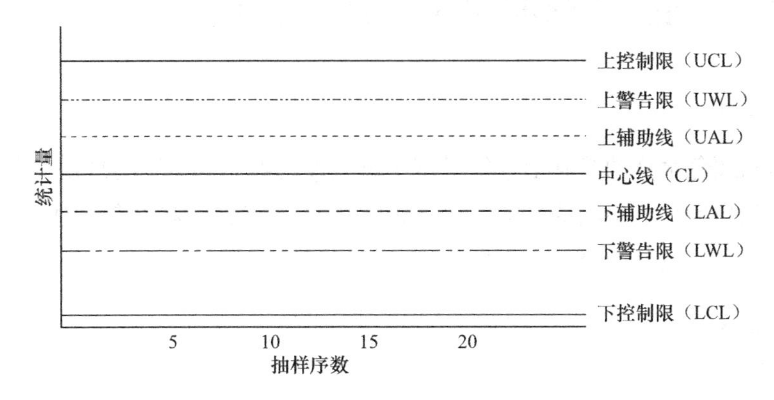

图1-2 质量控制图的基本组成

（4）质量值控制图的使用

质量值控制图可以直观显示分析工作的质量水平（如空白试验、准确度、精密度等）。在以后分析工作中，测定样品的同时对该标准物质或质量控制样品也进行2～3个平行测定，并将测定结果标在质量控制图上的相应位置，从而对分析工作的质量进行评价。

一般认为，如果此点位于中心线附近，上、下警告限之间的区域内，则测定过程处于控制状态；如果此点超出上述区域，但仍在上、下控制限之间的区域内，则提示分析质量开始变劣，可能存在“失控”倾向，应进行初步检查，并采取相应的校正措施；如果此点落在上、下控制限之外，则表示测定过程失去控制，应立即检查原因，予以纠正，并重新测定该批全部样品。

项目 2
色度的测定

【项目概述】

天然水体通常显示浅黄、浅褐或黄绿等不同的颜色，而当水体受到污染时也会呈现各种各样的颜色。那么水为什么会呈现不同的颜色？水的颜色深浅程度用什么指标来评价？又是用什么方法来测定的？这就是我们要学习的。

任务 2.1　铂-钴标准比色法测定色度

【任务描述】

在观察不同颜色水样的基础上，经讲解了解色度的概念及 1 度的规定，并根据国家生活饮用水规范和环境水质检测的标准方法（铂-钴标准比色法、稀释倍数法），对现有水样进行色度测定，测定过程中严格遵守操作规范并做好数据记录。

【学习支持】

一、基本原理

用氯铂酸钾和氯化钴配制颜色标准溶液，与被检测的水样进行目视比较，来测定水样的颜色，即色度。

二、所用试剂和设备

1. 试剂

（1）光学纯水。

（2）氯铂酸钾（K_2PtCl_6）（图 2-1）。

（3）氯化钴（$CoCl_2 \cdot 6H_2O$）（图 2-2）。

（4）盐酸（$\rho_{20}=1.19g/mL$）。

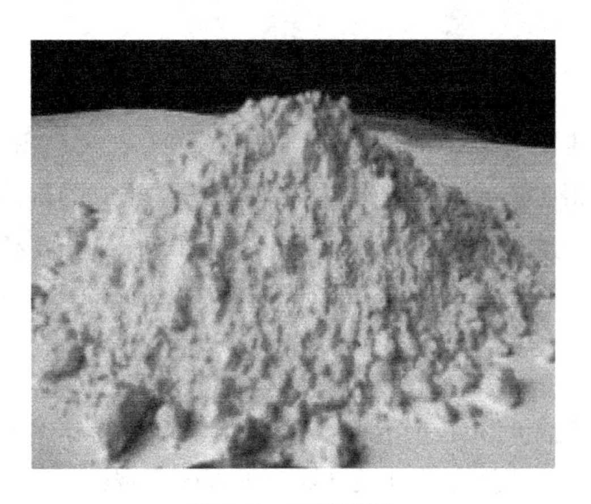

图 2-1 氯铂酸钾

图 2-2 氯化钴

2. 仪器

（1）具塞比色管：50mL，成套高型无色。

（2）pH 计：精度±0.1pH 单位。

（3）容量瓶：250、1000mL。

（4）移液管：5、10、25mL。

（5）量筒：250、500mL。

（6）分析天平：精度±0.001g。

（7）洗耳球。

三、注意事项

1. 试剂应为分析纯，纯水应为光学纯水。

2. pH 值对色度影响比较大，测定色度的同时应该检测水样的 pH 值。

3. 比色时，介于两个标准色列之间时如取中间值。

4. 铂-钴标准比色法适用于黄色色调的水样，如地面水、地下水、生活饮用水和轻度污染并略带黄色色调的水。

5. 浑浊水样应用离心法分离出悬浮物或者静置澄清几小时后，取其上清液检测。

6. 如果水样色度>50 度时，应将水样稀释一定倍数后再进行比色。

【任务实施】

一、铂-钴标准溶液的配制

1. 称重：称取 1.246 克氯铂酸钾 K_2PtCl_6（相当于 500mg 的铂）和 1.000 克干燥的氯化钴 $CoCl_2 \cdot 6H_2O$（相当于 250mg 的钴）。

2. 溶解：将称取的药剂溶于 100mL 纯水中，加入 100mL 的盐酸（$\rho_{20}=1.19g/mL$）。

3. 定容：用纯水将溶解好的药剂定容至 1000mL，该标准溶液的色度即为 500 度。

二、取样

取 50mL 透明的水样置于比色管中。

三、铂-钴标准色列的配制

取比色管 11 支，分别加入铂-钴标准溶液 0、0.50、1.00、1.50、2.00、2.50、3.00、3.50、4.00、4.50mL 和 5.00mL，加纯水至刻度，然后摇匀。此时配成的标准色列色度依次为 0 度、5 度、10 度、15 度、20 度、25 度、30 度、35 度、40 度、45 度和 50 度，可长期使用，但是要防止蒸发和污染。

四、比色

将水样与铂-钴标准色列进行目视比较。观测时光线应充足，将水样与铂-钴标准色列并列，可将白纸作为衬底，使光线从底部向上透过比色管，目光自管口垂直向下观察比色。

五、数据记录

记录与水样色度相同的铂-钴标准色列的色度。

六、色度的计算：

$$色度 = V_t \times 500/V \tag{2-1}$$

式中 V_t——相当于铂-钴标准溶液的用量，单位为毫升（mL）；

V——水样的体积，单位为毫升（mL）。

【评价】

一、过程评价

表 2-1

项目	准确性		规范性	得分	备注
	独立完成	老师帮助下完成			
氯铂酸钾 K_2PtCl_6 的称重					
氯化钴 $CoCl_2 \cdot 6H_2O$ 的称重					
标准溶液的配制					
水样的量取					
标准色列的配制					
比色					
色度计算					
综合评价：			综合得分：		

二、过程分析

1. 为什么要用光学纯水稀释？
2. 比色时，观察方向应是垂直方向还是水平方向？为什么？

【知识衔接】

一、水的色度

水的色度是对天然水或处理后的各种水进行颜色定量测定时的指标。

洁净的天然水，在水层比较浅时为无色透明，水深时为浅蓝色；水体中如果含有杂质，会使水呈现不同的颜色。例如，黏土能使水带黄色；植物性有机物溶于水中，使水呈现淡黄色乃至棕黄色；水中藻类大量存在时呈现绿色；铁的氧化物会使水变褐色；硫化物能使水呈浅蓝色；受工业污染的水体呈现多种颜色。

天然水经常显示出浅黄、浅褐或黄绿等不同的颜色，其原因是溶于水的腐殖质、有机物或无机物质所造成的。另外，当水体受到工业废水的污染时也会呈现出不同的颜色。这些颜色可以分为真色与表色。真色是由于水中溶解性物质所引起的，即除去水中悬浮物后的颜色。表色是没有除去水中悬浮物时产生的颜色。

水有颜色，说明受到了一定程度的污染，有颜色的水，会影响人的心理，使人产生不愉快感，对工业用水来说，也会降低产品质量。

颜色的定量程度就是色度，色度的标准单位：度；规定相当于1mg铂在1L水中以氯铂酸离子形式所产生的颜色为1个色度单位，称为1度。

各种用途的水对于色度都有一定的要求：如我国生活饮用水的色度要求小于15度，并不得呈其他异色；染色用水的色度要求小于5度；纺织工业用水的色度要求小于10～12度；造纸工业用水的色度要求小于15～30度。

二、铂-钴标准比色法

铂-钴标准比色法是国家生活饮用水和环境水质检测的标准方法，该方法适用于清洁水、轻度污染并略带黄色色调的水，例如地面水、地下水和生活饮用水等。水样不经稀释时，该方法最低检测色度为5度，测定范围为5～50度。该方法操作简便、色度稳定，标准色列如能合理保存，可长期使用，但氯铂酸钾价格较贵。

铬-钴标准比色法是铂-钴标准比色法的替代方法，经济实用。铬-钴标准比色法用重铬酸钾和硫酸钴做标准溶液，试剂便宜易得，精密度和准确度与铂-钴标准比色法相当，但是其标准色列保存时间较短。

铬-钴标准溶液的配制：称取重铬酸钾（图2-3）K_2CrO_7 0.0437克和硫酸钴（图2-4）$CoSO_4 \cdot 6H_2O$ 1.000克溶于少量纯水中，加入0.5mLH_2SO_4（$\rho_{20}=1.84g/mL$），混合均匀后用纯水定容至500mL，此时该标准溶液色度为500度，但该溶液不宜久存。

图2-3　重铬酸钾

图2-4　硫酸钴

其测定方法与铂-钴标准比色法相同，测定范围也和铂-钴标准比色法一致。

【思考题】

1. 什么是水的表色？什么是水的真色？
2. 水样浑浊时为什么要进行离心？能否用滤纸过滤？

任务 2.2　稀释倍数法测定色度

【任务描述】

对于污染较严重的地面水和工业废水，由于色调复杂，难以用铂-钴标准比色法进行测定时，一般用稀释倍数法来测定水的色度。在测定过程中应该严格遵守操作规范并做好数据记录。

【学习支持】

一、基本原理

将被检测的水样用光学纯水稀释至用目视比较与光学纯水相比刚好看不见颜色为止，此时稀释的倍数即为该水样的色度，单位：倍。

同时目视观察水样，用文字描述颜色性质：颜色的深浅（无色、浅色或深色），色调（红、橙、黄、绿、蓝和紫等），透明度（透明、浑浊或不透明）。用稀释倍数值和文字描述相结合的方法来表示色度。

二、所用试剂和设备

1. 试剂

光学纯水。

2. 仪器

（1）具塞比色管：50mL，成套高型无色。
（2）pH 计：精度±0.1pH 单位。
（3）容量瓶：250、1000mL。
（4）移液管：5、10、25mL。
（5）量筒：250、500mL。
（6）洗耳球。

三、注意事项

1. 如果测水样的真色，应放置澄清取其上清液，或者用离心法去除悬浮物后检测。
2. 如果测水样的表色，应待水样中的大颗粒悬浮物沉降以后，取其上清液检测。
3. 如果水样中有泥土或其他分散很细的悬浮物，虽然经过预处理但得不到透明水样

时，只检测表色。

4. 在报告水样色度的同时，还需报告水样的颜色深浅、色调、透明度和 pH 值。

【任务实施】

一、取水样

将水样倒入 250mL（或者更大）的量筒中，静置 15min，取其上层液体作为待测水样进行测定。

二、测定

1. 取上述待测水样置于 50mL 具塞比色管中，至 50mL 刻度线，以白色表面为背景，观察并描述其颜色种类。

2. 取光学纯水置于 50mL 具塞比色管中，至 50mL 刻度线，将具塞比色管放在白色表面上，垂直向下观察液柱，比较水样和光学纯水，描述水样呈现的色调和透明度。

3. 将待测水样用光学纯水以 2 的倍数逐级稀释成不同倍数，摇匀后分别置于具塞比色管中至 50mL 刻度线。将具塞比色管放在白色表面上，用上述相同的方法与光学纯水进行比较。将待测水样稀释至刚好与光学纯水无法区别为止，记下此时的稀释倍数值。

4. 另取水样测定其 pH 值。

三、结果的表示

色度（倍）用下列公式计算得到：

$$色度 = 2^n$$

式中 n——用光学纯水以 2 的倍数稀释试料到刚好与光学纯水相比无法区别为止时的稀释次数。

同时用文字描述水样的颜色深浅、色调、透明度。

【评价】

一、过程评价

表 2-2

项目	准确性		规范性	得分	备注
	独立完成	老师帮助下完成			
待测水样的量取					
水样颜色的观察					
水样的稀释					
比色					
色度计算					
综合评价：				综合得分：	

二、过程分析

1. 为什么水样倒入量筒后需要静置15min?
2. 为什么在测定水样的色度时要同时测定水样的pH值?

【知识衔接】

一、水质色度仪

目前，有许多企业生产基于铂-钴标准比色法的水质色度仪，可以用来测量溶解状态的物质所产生的颜色，这些仪器采用光电比色原理，用国标GB 5750中所规定的色度标准溶液来标定，以“度”为色度计量单位。广泛应用于纯净水厂、自来水厂、污水处理厂、工业用水、环保部门、医院等部门的色度测定。

图2-5 铂钴目视比色仪

图2-6 便携式多参数比色计

二、常用的除色方法

1. 混凝处理

当水中色度杂质主要为悬浮状和胶体状有机物时，经过混凝、澄清和过滤处理后一般可除去约75%～90%。混凝剂既可用硫酸铝，也可用碱式氯化铝，并适当使用有机高分子絮凝剂。

2. 氯化处理

当水中有机物含量较大时，经过加氯处理后，“色度”去除率约80%。氯化处理时，剩余氯应大于0.5mg/L。加氯处理在低pH值下进行的较快，因此，氯化应放在混凝处理前，氯化后剩余的色度（主要为有机物）可以在混凝处理中进一步去除。

3. 吸附处理

吸附处理法是利用多孔固体物质，使水中的色度杂质被吸附在固体表面而被去除的处理方法。常用的吸附剂有粒状活性炭、大孔吸附剂等。

活性炭层过滤，一般当水的色度值低时，粒状活性炭层高0.6～1.5m；当水的色度值较高时，层高1.5～3.0m。大孔吸附剂是一种珠状大孔高分子聚合物，对水中的某些

特定组分能进行吸附-解析作用，可以很好地除去水中的“色度”杂质。

【思考题】

1. 铂-钴标准比色法和稀释倍数法测定的色度一般是指水的表色还是水的真色？
2. 铂-钴标准比色法和稀释倍数法分别适用于何种水样？

项目3
水中悬浮物的测定

【项目概述】

天然水体通常显示有不同程度的浑浊现象，而当水体受到污染时也会产生浑浊现象。那么导致水浑浊的主要原因是什么呢？衡量其指标是什么？我们又是如何来测定的？这就是我们要学习的。

任务3.1 重量分析法测定水中悬浮物

【任务描述】

在水处理中，测定悬浮物具有特定意义。本任务就是要学习重量分析法测定水中悬浮物，测定过程中严格遵守操作规范并做好数据记录。

【学习支持】

一、抽滤装置图(图3-1)

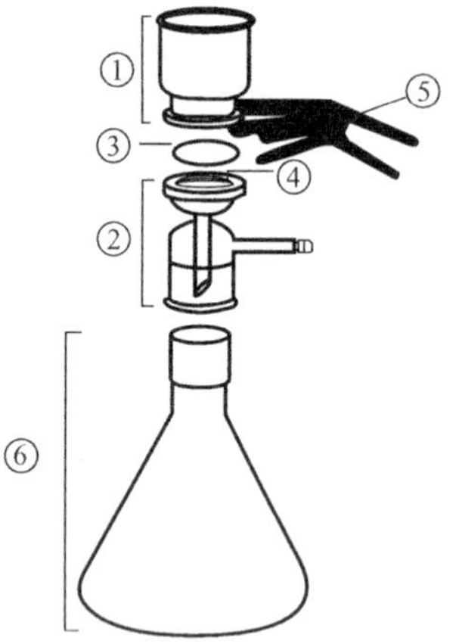

图3-1 抽滤装置图

①—过滤杯；②—缓冲杯；③—滤芯；④—漏斗；⑤—固定夹；⑥—集液瓶

二、试剂和仪器

1. 蒸馏水或同等纯度的水。
2. 全玻璃微孔滤膜过滤器（图3-2）。
3. 滤膜：孔径0.45μm直径45～60mm。
4. 吸滤瓶。
5. 真空泵。
6. 无齿扁嘴镊子。
7. 称量瓶：内径30～50mm。

三、测定范围

本方法测定水中悬浮物适用于地面水、地下水，也适用于生活污水和工业废水中悬浮物的测定。

图 3-2 全玻璃微孔滤膜过滤器

【任务实施】

一、样品采集

1. 采样所用聚乙烯瓶或硬质玻璃瓶要用洗涤剂洗净。再依次用自来水和蒸馏水冲洗干净。在采样之前，再用即将采集的水样清洗三次。然后采集具有代表性的水样 500～1000mL 盖严瓶塞。

2. 样品贮存采集的水样应尽快分析测定。如需放置，应贮存在 4℃冷藏箱中但最长不得超过 7d。

二、操作步骤

1. 滤膜准备

用扁咀无齿镊子夹取微孔滤膜放于事先恒重的称量瓶里，移入烘箱中于 103～105℃烘干，半小时后取出置干燥器内冷却至室温，称其重量。反复烘干、冷却、称量，直至两次称量的重量差≤0.2mg。将恒重的微孔滤膜正确的放在滤膜过滤器的滤膜托盘上，加盖配套的漏斗，并用夹子固定好。以蒸馏水湿润滤膜，并不断吸滤。

2. 测定

量取充分混合均匀的试样 100mL 抽吸过滤。使水分全部通过滤膜。再以每次 10mL 蒸馏水连续洗涤三次，继续吸滤以除去痕量水分。停止吸滤后，仔细取出载有悬浮物的滤膜放在原恒重的称量瓶里，移入烘箱中于 103～105℃下烘干一小时后移入干燥器中，使冷却到室温，称其重量。反复烘干、冷却、称量，直至两次称量的重量差≤0.4mg 为止。

三、结果计算

悬浮物含量 C(mg/L) 按下式计算：

$$C=(A-B)\times 10^6/V$$

式中 C——水中悬浮物浓度（mg/L）；

A——悬浮物＋滤膜＋称量瓶重量（g）；

B——滤膜＋称量瓶重量（g）；

V——试样体积（mL）。

四、注意事项

1. 采样时漂浮或浸没的不均匀固体物质不属于悬浮物质应从水样中除去。

2. 保存时不能加入任何保护剂，以防破坏物质在固、液间的分配平衡。

3. 滤膜上截留过多的悬浮物可能夹带过多的水分，除延长干燥时间外，还可能造成过滤困难，遇此情况，可酌情少取试样。滤膜上悬浮物过少，则会增大称量误差，影响测定精度，必要时，可增大试样体积。一般以 5 ～10mg 悬浮物量作为量取试样体积的适用范围。

【评价】

一、过程评价

表 3-1

项目	准确性		规范性	得分	备注
	独立完成	老师帮助下完成			
水样的采集					
过滤装置的装配					
滤膜的准备					
水样的量取					
水样的测定					
结果计算					
综合评价：				综合得分：	

二、过程分析

1. 测定时，悬浮物过多或过少应如何处理？
2. 试分析产生测定误差的原因。

【知识衔接】

许多江河由于水土流失使水中悬浮物大量增加，地表水中存在悬浮物使水体浑浊，降低透明度，影响水生生物的呼吸和代谢，甚至造成鱼类窒息死亡，悬浮物较多时，还可能造成河道阻塞。

水中固体物质可分为总可滤残渣和总不可滤残渣，两者之和为总残渣。它反映的是水中溶解性物质和不溶性物质含量的指标。总不可滤残渣是把水样过滤后截留在滤器上的全部残渣，也称为悬浮物（SS）。

不可滤残渣（悬浮物）是指不能通过孔径为 0.45μm 滤膜的固形物，其主要由不溶于水的泥土、有机物、水生物等物质组成。水中悬浮物含量是衡量水污染程度的指标之一。悬浮物是造成水浑浊的主要原因。水体中的有机悬浮物沉积后易厌氧发酵，使水质恶化。中国污水综合排放标准分 3 级，规定了污水和废水中悬浮物的最高允许排放浓度，中国地下水质量标准和生活饮用水卫生标准对水中悬浮物以浑浊度为指标作了规定。

水中的悬浮物质是颗粒直径约在 10～0.1μm 之间的微粒，肉眼可见。这些微粒主要是由泥沙、黏土、原生动物、藻类、细菌、病毒以及高分子有机物等组成，常常悬浮在水流之中，水产生的浑浊现象，也都是由此类物质所造成。

能在海水中悬浮相当长时间的固体颗粒。有时也称为悬浮固体或悬浮胶体。它分有机和无机两大部分。有机部分大多数是碎屑颗粒，它们是由碳水化合物、蛋白质、类脂物等所组成。无机部分包括陆源矿物碎屑（例如石英、长石、碳酸盐和黏土）、水生矿物

(例如沉淀的海绿石和钙十字石)等硅酸盐类、碳。

任务 3.2　水中总固体的测定

【任务描述】

水中总固体(Total solid，简称 TS)又称蒸发总残留物，是在规定条件下，水样蒸发烘干至恒重时残留的物质，折算为每升水含残留物的毫克数计量。它是水中溶解性固体和悬浮性固体的总和。本任务就是要学习水中总固体的测定，测定过程中严格遵守操作规范并做好数据记录。

【学习支持】

一、方法原理

将混合均匀的水样，加入烘至恒重的蒸发皿中，于蒸气浴或水浴上蒸干，然后在 103～105℃下烘干至恒重，蒸发皿增加的重量，即为总固体重量。

二、仪器

(1) 直径 9cm 瓷蒸发皿或 150mL 硬质烧杯或玻璃蒸发皿。

(2) 水浴锅。

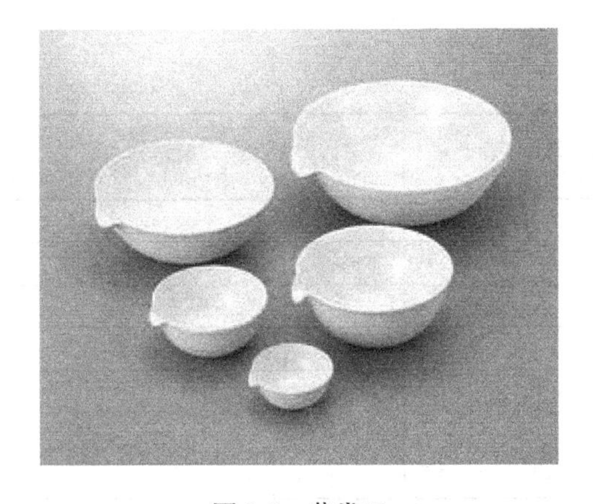

图 3-3　蒸发皿

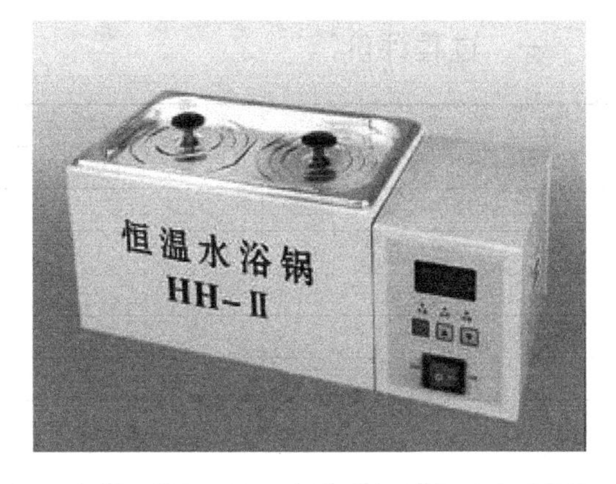

图 3-4　水浴锅

(3) 烘箱。

(4) 万分之一天平。

(5) 100mL 量筒。

三、测定范围

可用于河水(黄河、淮河)，水库水，自来水，湖水，地下水，矿泉水等 15 种样品的分析。

【任务实施】

一、将洗净的蒸发皿置于 103～105℃烘箱中烘 30min，冷却后称重，直至恒重（两次称重相差不超过 0.0005g）。

二、取适量振荡均匀的水样（如 50mL，使残渣量大于 25mg），置于上述蒸发皿内，在水浴上蒸干。移入 103～105℃烘箱中烘 1h，冷却后，称重，直至恒重。(两次称重相差不超过 0.0005g)。

三、结果计算

$$总固体(mg/L) = (A - B) \times 1000 \times 1000 / V$$

式中：A——总固体+蒸发皿重，g；

B——蒸发皿重，g；

V——水样体积，mL。

四、注意事项

1. 控制好烘烤温度和时间，并在结果中加以注明。
2. 称至恒重，即两次称重之差不超过 0.0004g。

【评价】

一、过程评价

表 3-2

项目	准确性		规范性	得分	备注
	独立完成	老师帮助下完成			
水样的采集					
蒸发皿恒重					
水样的量取					
水样的测定					
结果计算					
综合评价：				综合得分：	

二、过程分析

1. 为什么要求选择水样的体积使其所得残渣质量大于 25mg?
2. 什么叫恒重，如何才能达到恒重?

【知识衔接】

水中总固体的测定是蒸干水分再称重得到的，因此选定蒸干的温度有很大的关系，一般规定控制在 105～110℃蒸干。

烘干温度是总固体测定中的主要条件，通常有两种烘干温度可供选择，即 103～105℃和 180±2℃。在 103～105℃下烘干时，残留物中保留结晶水和部分吸着水，有机物挥发损失很少，重碳酸盐将转为碳酸盐，由于在此温度范围不易赶尽吸着水，因此恒重时间较长。在 80±2℃下烘干，可使吸着水全部赶尽，有机物挥发逸失，可能存留某些结晶水，重碳酸盐均转为碳酸盐，部分碳酸盐可能分解为氧化物或碱式盐，某些氯化物和硝酸盐可能损失，由于烘干温度较高，称重时应迅速操作。

项目4 水的电导率测定

【项目概述】

天然水中含有大量的盐类物质，其主要成分是钙、镁、钠的重碳酸盐、氯化物和硫酸盐等。那么为什么有些水有咸味、有些水有苦涩味？可以用什么指标来评价？又是用什么方法来测定的？这就是我们要学习的。

任务4.1 电导率仪测定水的电导率

【任务描述】

溶解于水的酸、碱、盐电解质，在溶液中解离成正、负离子，使电解质溶液具有导电能力，其导电能力大小可用电导率表示。了解电导率仪的测定原理，熟悉电导率的含义，掌握电导率仪的测定方法，测定过程中严格遵守操作规范并做好数据记录。

【学习支持】

一、测定原理

电导率通常是用两个金属片（即电极）插入溶液中，测量两电极间电阻率大小来确定。电导率是电阻率的倒数。其定义是截面积为1cm^2，极间距离为1cm时，该溶液的电导。溶液的电导率与电解质的性质、浓度、溶液温度有关。一般溶液电导率是指25℃时的电导率。

二、试剂及仪器

1. 优级纯氯化钾（图4-1）。
2. 二级试剂水。
3. 电导率仪（图4-2）。
4. 温度计。

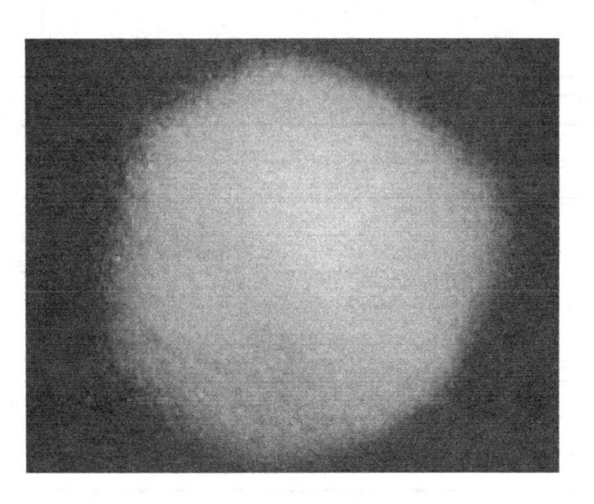

图 4-1　优级纯氯化钾

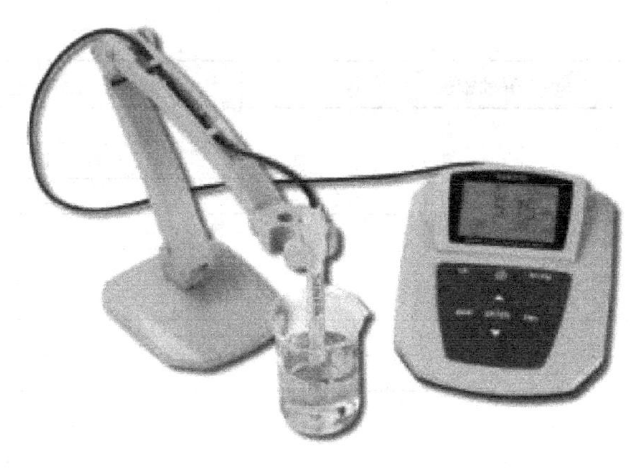

图 4-2　电导率仪

【任务实施】

一、氯化钾标准溶液的制备

1. 1mol/L 氯化钾标准溶液：准确称取在 105℃干燥 2h 的优级纯氯化钾（或基准试剂）74.5515g，用新制备的二级试剂水（20±2℃）溶解后移入 1000mL 容量瓶中，并稀释至刻度，混匀（图 4-3）。

2. 0.1mol/L 氯化钾标准溶液：准确称取在 105℃干燥 2h 的优级纯氯化钾（或基准试剂）7.4552g，用新制备的二级试剂水（20±2℃）溶解后移入 1000mL 容量瓶中，并稀释至刻度，混匀。

3. 0.01mol/L 氯化钾标准溶液：准确称取在 105℃干燥 2h 的优级纯氯化钾（或基准试剂）0.7455g，用新制备的二级试剂水（20±2℃）溶解后移入 1000mL 容量瓶中，并稀释至刻度，混匀。

4. 0.001mol/L 氯化钾标准溶液：于使用前准确吸取 0.01mol/L 氯化钾标准溶液 100mL，移入 1000mL 容量瓶中，用新制备的二级试剂水（20±2℃）稀释至刻度，混匀。以上氯化钾标准溶液，应放在聚乙烯塑料瓶或硬质玻璃瓶中，密封保存。这些氯化钾标准溶液在不同温度下的电导率见表 4-1。

图 4-3　溶液稀释

氯化钾标准溶液的电导率　表 4-1

溶液浓度，mol/L	温度，℃	电导率，μs/cm
1	0	65176
	18	97838
	25	111342

续表

溶液浓度，mol/L	温度，℃	电导率，μs/cm
0.1	0	7138
	18	11167
	25	12856
0.01	0	773.6
	18	1220.5
	25	1408.8
0.001	25	146.93
0.0001	25	14.89
0.00001	25	1.4985
0.000001	25	0.14985

二、电导率仪的操作

1. 电导池常数的测定

水样的电导率大小不同，应使用电导池常数不同的电极。不同电导率的水样可参照表 4-2 选用不同电导池常数的电极。

电导池常数 **表 4-2**

电导池常数/cm^{-1}	电导率/(μs/cm)	电导池常数/cm^{-1}	电导率/(μs/cm)
0.1 0.1-1.0	3～100 100～200	>1.0～10	>2000

将选择好的电极用Ⅱ级试剂水洗净，再用Ⅱ级试剂水冲洗 2～3 次，浸泡在Ⅰ级试剂水中备用。

2. 取 50～100mL 水样（温度 25℃±5℃），放入塑料杯或硬质玻璃杯中，将电极用被测水样冲洗 2～3 次后，插入水样中进行电导率测定。重复取样测定 2～3 次，测定结果读数相对误差均在±3%以内，即为所测的电导率值，同时记录水样温度。

3. 对未知电导池常数的电极（或需要校正电导池常数时），可用该电极测定已知电导率的氯化钾标准溶液（25℃±5℃）的电导（表 4-1）。然后按所测结果算出该电极的电导池常数。为了减少误差，应当选用电导率与待测水样相近的氯化钾标准溶液进行标定。电极的电导池常数按下式计算：

$$K = G_1/G_2$$

式中 K——电极的电导池常数，cm^{-1}；

G_1——氯化钾标准溶液的电导率，μs/cm；

G_2——用未知电导池常数的电极测定氯化钾标准溶液的电导率，μs/cm。

三、结果计算

使用温度传感器时，显示器的度数即为待测溶液 25℃时的电导率。

未使用温度传感器时，水样在非 25℃时的电导率测定值应该按下式换算为 25℃时的电导率值。

$$K_s = K_t/1 + a(t - 25)$$

式中　K_s——25℃电导率，μs/cm；

K_t——测定时 t 温度下电导率；

a——温度矫正系数，取 0.022；

t——测定时温度，℃。

四、注意事项

1. 水样中的粗大悬浮物。油脂会干扰测定，可通过过滤或萃取去除。

2. 最好使用和水样电导率相近的氯化钾标准溶液测定电导池常数。

3. 电极常数应定期标定，标定时注意一定浓度 KCL 标准溶液的温度及其对应的电导率数值。

【评价】

一、过程评价(表 4-3)

表 4-3

项目	准确性		规范性	得分	备注
	独立完成	老师帮助下完成			
水样的采集					
KCl 溶液的配制					
电导率的使用					
水样的测定					
结果计算					
综合评价：				综合得分：	

二、过程分析

水中的电导率在水质分析中有何意义？

【知识衔接】

一、工作原理

天然水中含有大量的盐类物质，其主要成分是钙、镁、钠的重碳酸盐、氯化物和硫酸盐等。当其含量过大时，饮用时会改变味道，并可能损坏配水管道和设备；用做锅炉补水，则可能引起炉内的“汽水共腾”、腐蚀或结垢等问题。

测定水中的含盐量有多种方法。利用水中离子导电能力来评价含盐量的多少，分析方法简单，操作快速，灵敏度也高。

水的导电能力可用电导率来表示，电导率是以数字表示溶液传导电流的能力。水的电导率与其所含无机酸、碱、盐的量有一定的关系，当它们的浓度较低时，电导率随着浓度的增大而增加，因此，该指标常用于推测水中离子的总浓度或含盐量。

电导（G）是电阻（R）的倒数。因此当两个电极（通常为铂电极或铂黑电极）插入溶液中，可以测出两电极间的电阻 R。根据欧姆定律，温度一定时，这个电阻值与电极间距 L（cm）正比，与电极的截面积 A（cm^2）反比，即：

$$R = \rho \times (L/A)$$

其中 ρ 为电阻率，是长 1cm，截面积为 $1cm^2$ 导体的电阻，其大小决定于物质的本性。

据上式，导体的电导（G）可表示成下式：

$$G = 1/R = (1/\rho) \times (A/L) = K \times (1/J)$$

其中，$K=1/\rho$ 称为电导率，$J=L/A$ 称为电极常数

电解质溶液电导率指相距 1cm 的两平行电极间充以 $1cm^3$ 溶液时所具有的电导。由上式可见，当已知电极常数（J），并测出溶液电阻（R）或电导（G）时，即可求出电导率。

二、电导率仪的测定原理

电导率测量仪的测量原理是将两块平行的极板，放到被测溶液中，在极板的两端加上一定的电势（通常为正弦波电压），然后测量极板间流过的电流。根据欧姆定律，电导率（G）—电阻（R）的倒数，由导体本身决定的（图 4-4）。

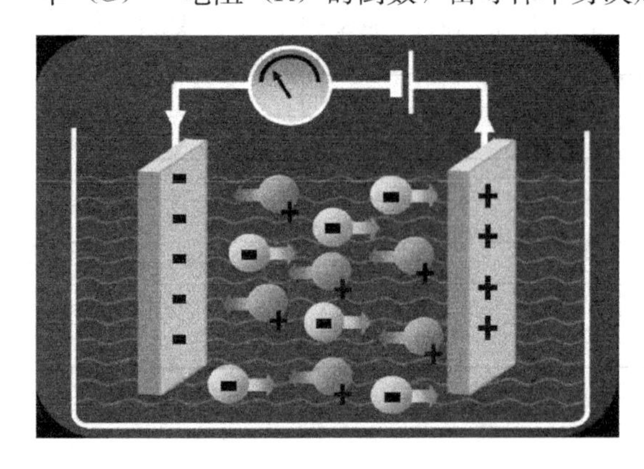

图 4-4　工作原理

电导率的基本单位是西门子（S），原来被称为欧姆。因为电导池的几何形状影响电导率值，标准的测量中用单位电导率 S/cm 来表示，以补偿各种电极尺寸造成的差别。电导率（K）简单地说就是电导（G）与电导池常数（L/A）的乘积。这里的 L 为两块极板之间的液柱长度，A 为极板的面积。

水的电导率与其所含无机酸、碱、盐的量有一定关系。当它们的浓度较低时，电导率随浓度的增大而增加，因此，该指标常用于推测水中离子的总浓度或含盐量。不同类型的水有不同的电导率。新鲜蒸馏水的电导率为 0.2～2μS/cm，但放置一段时间后，因吸收了 CO_2，增加到 2～4μS/cm；超纯水的电导率小于 0.10μS/cm；天然水的电导率多在 50～500μS/cm 之间，矿化水可达 500～1000μS/cm；含酸、碱、盐的工业废水电导率往往超过 10000μS/cm；海水的电导率约为 30000μS/cm。

电极常数常选用已知电导率的标准氯化钾溶液测定。不同浓度氯化钾溶液的电导率（25℃）列于下表。

不同浓度 KCl 溶液的电导率　　表 4-4

浓度/(mol/L)	电导率/(μS/cm)	浓度/(mol/L)	电导率/(μS/cm)
0.0001	14.94	0.01	1413
0.0005	73.90	0.02	2767
0.001	147.0	0.05	6668
0.005	717.8	0.1	12900

溶液的电导率与其温度、电极上的极化现象、电极分布电容等因素有关，仪器上一般都采用了补偿或消除措施。

三、电导率仪使用时的注意事项

1. 在测量纯水或超纯水时为了避免测量值的漂移现象，建议采用密封槽进行在密封状态下的流动测量，如采用烧杯取样测量则会产生较大的误差。

2. 电极插头座应绝对防止受潮，仪表应安置于干燥环境，避免因为水滴溅射或受潮引起仪表的漏电或测量误差。

3. 电极应该定期进行常数标定。

4. 因温度补偿系采用固定的2%的温度系数补偿的，所以对高纯水的测量尽量采用不补偿方式进行测量后查表。

5. 测量电极是精密部件，不可以分解，不可以改变电极形状和尺寸，且不可以用强酸、碱清洗，以免改变电极常数而影响仪表测量的准确性。

6. 为确保测量的精度，电极使用前应用小于 0.5μS/cm 的蒸馏水（或去离子水）冲洗二次（铂黑电极干放一段时间后在使用前必须在蒸馏水中浸泡一会儿），然后用被测试样冲洗三次后方可测量。

任务 4.2　电导率仪检验纯水质量

【任务描述】

水的纯度取决于水中可溶性电解质的含量。一般水中含有极其微量的 Na^+、K^+、Ca^{2+}、Mg^{2+}、CO_3^{2-}、Cl^-、SO_4^{2-} 等多种离子，离子浓度愈大，导电能力越强，电导率越大；反之，水的纯度越高，离子浓度愈小，电导率越小。本任务就是通过测定电导率来检验水的纯度。

【学习支持】

一、基本原理

测定水质纯度的方法常用的主要有两种：一种是化学分析法；一种是电导法。

化学分析法能够比较准确地测定水中各种不同杂质的成分和含量，但分析的过程复杂费时，操作烦琐。水的电导率反映了水中无机盐的总量，是水质纯度检验的一项重要指标。水的电导率越小（或电阻率越大），表示水的纯度越高。各种水的电导率的大致范围如表 4-5。

水的电导率　　　　表 4-5

水样	自来水	去离子水	纯水
电导率（μS/cm）	5.3×10^2～5.0×10^3	0.8～4.0	5.5×10^{-2}

通常，电导率在1以下的纯水即可作为一般分析的需要。对于要求更高的分析，水的电导率应更低。但是应注意，对于水中的细菌、悬浮物等非导电性物质和非离子状态的杂质对水质纯度的影响不能检测。

二、仪器与试剂

1. 电导率仪。
2. 铂黑电导电极（图4-5）。
3. 温度计。
4. 小烧杯。
5. 0.001mol·L^{-1}KCl溶液。
6. 纯水。

图4-5　铂黑电导电极

【任务实施】

一、电导池常数的测定

1. 接通电导率仪电源，将铂黑电导电极用去离子水洗净并用滤纸片吸干。预热恒温水槽，并调节好恒温水浴温度25℃。并且在使用电导率仪前需要先调零，然后才能进行测定。

2. 将洗净的电导池，用去离子水洗涤2～3次，再用0.02000mol·L^{-1}KCl废液洗涤2次，再用0.02000mol·L^{-1}KCl溶液洗涤1次，把废液倒入废液瓶中。

3. 将待测的KCl溶液倒入插到有电极的电导池中，以能淹没电极为宜。置电导池于25度的恒温水槽中，将电极导线接到电导仪上，待电导池内的温度与恒温水槽的温度平衡后（约10min），即可进行测量KCl溶液的电导率。

二、纯水的测定

用待测水样洗涤电导池，分别测量蒸馏水，自来水的电导率。每人读一次数，注意读数一般让指针处于表的中间位置误差较小，若表指针偏转太小或太大可通过换挡调节。

【评价】

过程评价　　表4-6

项目	准确性		规范性	得分	备注
	独立完成	老师帮助下完成			
KCl溶液的配制					
电导率的使用					
纯水的测定					
结果计算					
综合评价：				综合得分：	

【知识衔接】

一、化验室用水的分类

化验室常见的水的种类：

1. 蒸馏水

化验室最常用的一种纯水，虽设备便宜，但极其耗能和费水且速度慢，应用会逐渐减少。蒸馏水能去除自来水内大部分的污染物，但挥发性的杂质无法去除，如二氧化碳、氨、二氧化硅以及一些有机物。新鲜的蒸馏水是无菌的，但储存后细菌易繁殖；此外，储存的容器也很讲究，若是非惰性的物质，离子和容器的塑形物质会析出造成二次污染。

2. 去离子水

应用离子交换树脂去除水中的阴离子和阳离子，但水中仍然存在可溶性的有机物，可以污染离子交换柱从而降低其功效，去离子水存放后也容易引起细菌的繁殖。

3. 反渗水

其生成的原理是水分子在压力的作用下，通过反渗透膜成为纯水，水中的杂质被反渗透膜截留排出。反渗水克服了蒸馏水和去离子水的许多缺点，利用反渗透技术可以有效地去除水中的溶解盐、胶体，细菌、病毒、细菌内毒素和大部分有机物等杂质，但不同厂家生产的反渗透膜对反渗水的质量影响很大。

4. 超纯水

其标准是水电阻率为 18.2MΩ·cm。但超纯水在 TOC、细菌、内毒素等指标方面并不相同，要根据实验的要求来确定，如细胞培养则对细菌和内毒素有要求，而 HPLC 则要求 TOC 低。

二、纯水的水质分类

纯水水质可以分为以下三类：①三级水标准，电阻率 0.2MΩ·cm@25℃；②二级水标准，电阻率≥1MΩ·cm@25℃；③一级水标准，电阻率≥18.25MΩ·cm@25℃。

具体技术指标见表 4-7。

表 4-7

指标	一级	二级	三级
pH 值范围（25℃）	—	—	5.0～7.5
电导率（25℃），mS/m，≤	0.01	0.10	0.50
可氧化物质（以 O 计），mg/L，<	—	0.08	0.4
吸光度（254nm，1 光程 cm），≤	0.001	0.01	—
蒸发残渣（105±2℃），mg/L，≤	—	1.0	2.0
可溶性硅（以 SiO_2 计）mg/L，<	0.01	0.02	—

三、不同级别纯水的应用领域（表 4-8）

表 4-8

应用领域	纯水级别	相关参数
高效液相色谱（HPLC） 气相色谱（GC） 原子吸收（AA） 电感耦合等离子体光谱（ICP） 电感耦合等离子体质谱（ICP-MS） 分子生物学实验和细胞培养等	Ⅰ级水	电阻率（MΩ·cm）：＞18.0 TOC 含量（ppb）：＜10 热原（Eu/ml）：＜0.03 颗粒（units/ml）：＜1 硅化物（ppb）：＜10 细菌（clu/ml）：＜1 pH：NA
制备常用试剂溶液 制备缓冲液	Ⅱ级水	电阻率（MΩ·cm）：＞1.0 TOC 含量（ppb）：＜50 热原（Eu/ml）：＜0.25 颗粒（units/ml）：NA 硅化物（ppb）：＜100 细菌（clu/ml）：＜100 pH：NA
冲洗玻璃器皿 水浴用水	Ⅲ级水	电阻率（MΩ·cm）：＞0.05 TOC 含量（ppb）：＜200 热原（Eu/ml）：NA 颗粒（units/ml）：NA 硅化物（ppb）：＜1000 细菌（clu/ml）：＜1000 pH：5.0～7.5

项目5
水的碱度与pH值的测定

【项目概述】

pH 值是水溶液最重要的理化参数之一，天然水体或污染水体都有 pH 值，那么水的酸碱程度是用什么指标来评价的？又是用什么方法来测定的？这就是我们要学习的。

任务 5.1　酸碱滴定曲线和指示剂的选择

【任务描述】

在观察几种指示剂的基础上，引入酸碱滴定和滴定过程中指示剂的选择的概念，了解酸碱滴定中指示剂选择的原理。

【学习支持】

一、现场演示

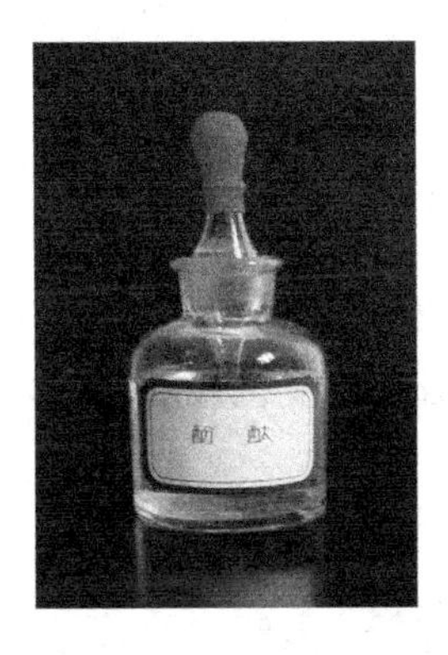

图 5-1　酚酞

图 5-2　滴定溶液

图 5-3　甲基橙

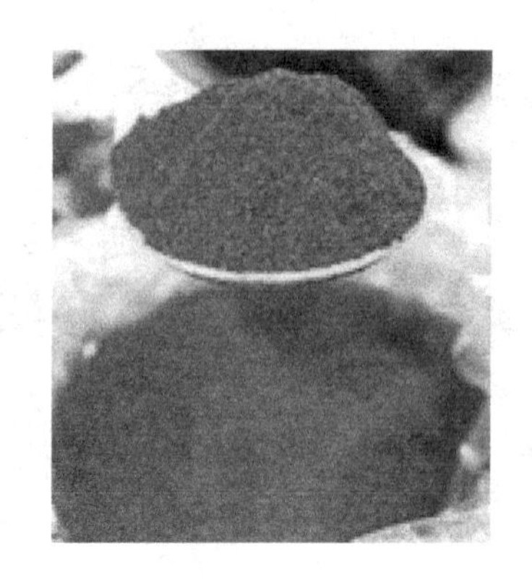

图 5-4　甲基红

观察图 5-2，想一想在化验室见过这五颜六色的溶液吗？在什么情况下会出现绚丽色彩的溶液？

观察图 5-1、图 5-3、图 5-4，想一想，这些是什么试剂？它们又有何作用呢？带着这些疑惑，我们一起来学习吧！

二、所用试剂和设备

1. 试剂

（1）纯水。

（2）酚酞指示剂。

（3）甲基橙指示剂。

2. 仪器

（1）250mL 锥形瓶 4 个。

（2）厘米方格纸，尺，铅笔等学习用具。

【任务实施】

一、说说什么是酸碱滴定法

1. 酸碱滴定法的概念；
2. 说说有哪些酸碱溶液？

二、识别、选择金属指示剂

1. 看试剂，标出金属指示剂的名称，并说明其及使用要点；
2. 列举 3 种常用的酸碱指示剂，说明各自的配制方法及变色范围。

三、滴定曲线和指示剂的选择

1. 说出滴定曲线的横坐标和纵坐标分别表示什么？
2. 绘出强碱滴定强酸的滴定曲线，并说明应选择哪些指示剂？
3. 绘出强碱滴定弱酸的滴定曲线，并说明应选择哪些指示剂？

4. 绘出强酸滴定弱碱的滴定曲线，并说明应选择哪些指示剂？

【评价】

一、过程评价

表 5-1

项目	准确性		熟练性	得分	备注
	独立完成	老师引导下完成			
说出酸碱滴定法的概念					
识别酸碱指示剂					
说出常用酸碱指示剂的变色范围					
说出滴定曲线的概念					
概括强碱滴定强酸滴定曲线的变化规律及适用指示剂名称					
概括强碱滴定弱酸滴定曲线的变化规律及适用指示剂名称					
概括强酸滴定弱碱滴定曲线的变化规律及适用指示剂名称					
综合评价：				综合得分：	

二、过程分析

1. 酸碱反应的实质是什么？
2. 酸碱指示剂的用量是否越多越好？为什么？
3. 说说强碱滴定强酸滴定曲线的变化规律及适用指示剂名称。
4. 说说强碱滴定弱酸滴定曲线的变化规律及适用指示剂名称。
5. 说说强酸滴定弱碱滴定曲线的变化规律及适用指示剂名称。
6. 分享绘制滴定曲线的经验体会。

【知识衔接】

一、酸碱滴定法

酸碱滴定法是以酸碱反应为基础的滴定分析方法。是主要的、基本的滴定分析方法之一。

酸碱反应的实质是质子转移的反应。根据酸碱质子理论，凡能给出质子（H^+）的物质就是酸，凡能接收质子（H^+）的物质就是碱。例如氢氧化钠与盐酸的反应，其反应方程式为：

$$NaOH + HCl \rightleftharpoons NaCl + H_2O$$

其中给出质子（H^+）的物质是盐酸（HCl），接收质子（H^+）的物质是碱（OH^-）：氢氧化钠。

应用酸碱滴定法可以测定酸、碱以及能与酸碱起反应的物质的含量。该法一般采用强酸或强碱做滴定剂，如用 HCl、H_2SO_4 作为酸标准溶液，可滴定具有碱性的物质，如 NaOH、NH_3、Na_2CO_3、$NaHCO_3$ 等；用 NaOH、KOH 作为碱标准溶液，可滴定具有酸性的物质，如 CO_2、H_3PO_4 等。要使滴定获得准确的分析结果，必须选择适当的指示剂，使滴定终点尽可能地接近计量点。

二、酸碱指示剂

酸碱滴定过程中，溶液本身不发生任何外观的变化，所以常借助酸碱指示剂颜色的突然变化来指示确定终点的。酸碱指示剂是一种具有复杂结构的有机弱酸（用符号 HIn 表示）或有机弱碱（用符号 InOH 表示），也有两性的。它们具有一个共同的特点是：当溶液中 H^+ 浓度发生变化时，能发生颜色的变化。这是由于指示剂本身在不同的 pH 值条件下，可以有几种不同的结构，而不同的结构则显示出不同的颜色，因此当溶液的 pH 值发生变化时，就引起了颜色的变化。例如酚酞，它是一种非常弱的有机酸，若以 HIn 表示其分子，在溶液中存在着以下的电离平衡：

$$HIn \rightleftharpoons H^+ + In^-$$

酚酞在电离的同时发生结构的变化，即分子和离子的结构不同，因而电离生成的离子与未电离的分子具有不同的颜色，分子 HIn 是无色的，而离子 In^- 是红色的。如果在溶液中加入酸或碱，就会影响分子与离子之间的电离平衡，在酸性溶液中，由于大量 H^+ 的存在，平衡向左移动，酚酞主要以分子形式存在而呈无色；在碱性溶液中，由于 H^+ 浓度降低，上述平衡向右移动，酚酞主要以离子的形式存在而呈红色。

又如甲基橙，它是一种有机弱碱，用 InOH 表示其分子，其分子是黄色的，离子是红色的。在水溶液中存在以下的电离平衡：

$$InOH \rightleftharpoons OH^- + In^+$$

在酸性溶液中，平衡向右移动，溶液呈现出红色。在碱性溶液中，平衡向左移动，溶液呈现出黄色。

其他酸碱指示剂变色原理与酚酞及甲基橙类似。实际上不是溶液的 pH 值稍有变化就能观察到指示剂颜色的变化，必须是溶液 pH 值改变到一定的范围，指示剂颜色的变化才能被观察到，这一范围，就是指示剂的变色范围，见表 5-2：列出了几种常用酸碱指示剂及其变色范围。

常用酸碱指示剂及其变色范围　　表 5-2

指示剂	变色范围 pH	颜色		$p_{K_{HIn}}$	p_T	配制方法
		酸色	碱色			
百里酚蓝	1.2～2.8	红	黄	1.7	2.6	0.1%的 20%酒精溶液
甲基黄	2.9～4.0	红	黄	3.3	3.9	0.1%的 90%酒精溶液
甲基橙	3.1～4.4	红	黄	3.4	4	0.05%的水溶液
溴酚蓝	3.1～4.6	红	紫	4.1	4	0.1%的 20%酒精溶液或其钠盐水溶液
甲基红	4.4～6.2	红	黄	5.0	5.0	0.1%的 60%酒精溶液或其钠盐水溶液
溴百里酚蓝	6.0～7.6	黄	蓝	7.3	7	0.1%的 20%酒精溶液或其钠盐水溶液

续表

指示剂	变色范围 pH	颜色		$p_{K_{HIn}}$	p_T	配制方法
		酸色	碱色			
中性红	6.8～8.0	红	橙黄	7.4		0.1%的60%酒精溶液
酚红	6.7～8.4	黄	红	8.0	7	0.1%的60%酒精溶液或其钠盐水溶液
酚酞	8.0～9.6	无	红	9.1		0.1%的90%酒精溶液
百里酚酞	9.4～10.6	无	蓝	10.0	10	0.1%的90%酒精溶液

注：1. p_T 表示在变色范围内指示剂颜色变化最明显时溶液的pH值，称为滴定指数。
2. $p_{K_{HIn}}$ 表示酸式色和碱式色各占一半时的pH值，即理论变色点，为指示剂的电离平衡常数 K_{HIn} 的负对数。

指示剂的变色范围越窄越好，这样在计量点时，pH值稍有改变，指示剂可立即由一种颜色变到另一种颜色。从表中可以看出，大多数指示剂的变色范围是1.6～1.8个pH单位。

指示剂用量要适当，因为它能直接影响滴定的准确度。通常滴定约25mL待测溶液时，用指示剂（0.1%）约两滴。如用量过多，一方面指示剂本身会消耗一部分酸或碱，另一方面颜色改变比较慢，反而不易观察颜色的改变，这样会给滴定结果带来相当大的误差。但是指示剂用量也不宜太少，否则颜色太浅，不易判断颜色的变化。

三、滴定曲线和指示剂的选择

在酸碱滴定法中，滴定终点的到达是靠指示剂来确定的。它所指示的滴定终点必须与计量点相吻合。如果指示剂选用得当，滴定误差就在允许的范围内，否则滴定误差就会很大，分析结果就不可靠。因此，必须正确地选择指示剂。由于酸碱强弱不同，反应所产生的盐可能有不同程度的水解，因此在滴定过程中pH值的变化较复杂。为了选择合适的指示剂，除了要知道指示剂的性能外，更必须了解酸碱滴定过程中溶液pH值的变化情况，特别是计量点附近pH值的变化。下面分别讨论几种类型的酸碱滴定过程中pH值变化情况和如何选择最合适的指示剂等问题。

1. 强碱滴定强酸

现以0.1mol/L NaOH溶液滴定20mL 0.1mol/L HCl溶液为例。由于NaOH和HCl都是强电解质，在稀溶液中完全电离，所以它们反应的实质是：

$$OH^- + H^+ \rightleftharpoons H_2O$$

生成物NaCl是一种强酸强碱盐，不发生水解，所以滴定到计量点时溶液应呈中性。将反应过程中pH的变化列于表5-3中。

0.1000mol/L NaOH滴定20.00ml HCl的pH变化　　表5-3

加入的 NaOH		剩余的 HCl		$[H^+]$ (mol/L)	pH
%	mL	%	mL		
0	0	100	20.00	1×10^{-1}	1.0
90	18.0	10	2.0	5×10^{-3}	2.3
99	19.80	1	0.20	5×10^{-4}	3.3
99.9	19.98	0.1	0.02	5×10^{-5}	4.3

续表

加入的 NaOH		剩余的 HCl		$[H^+]$ (mol/L)	pH
%	mL	%	mL		
100	20.00	0	0	1×10^{-7}	7.0
100.1	20.02	0.1	0.02	2×10^{-10}	9.7
101	20.20	1	0.20	2×10^{-11}	10.7
110	22.00	10	2.00	2×10^{-12}	11.7

以溶液的 pH 值为纵坐标，滴入 NaOH 溶液的体积为横坐标，画出的曲线叫滴定曲线。如图 5-5 所示。从此曲线可以明显地看出滴定过程中 pH 值的变化情况。

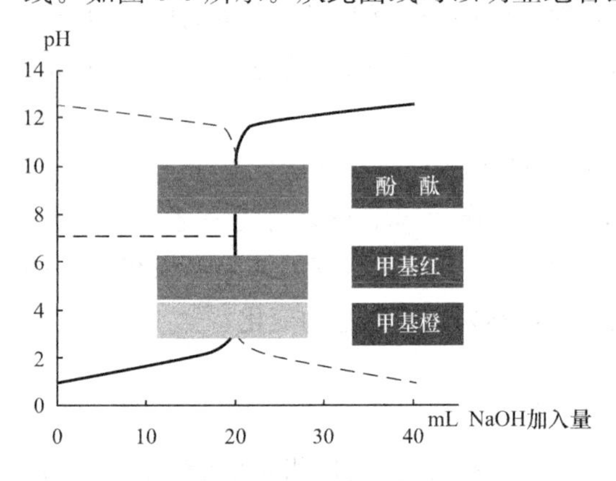

图 5-5 强碱滴定强酸滴定曲线

从表 5-2 和图 5-5 可知，从滴定开始到加入 19.98mLNaOH 溶液，溶液的 pH 值从 1 变到 4.3，总共改变了 3.3 个 pH 值单位，pH 值没有明显的变化，溶液始终是酸性的。此段滴定曲线比较平坦，溶液的 pH 值是渐变的。如果再滴入 0.02mL NaOH 溶液（共滴入 NaOH 溶液 20.00mL），正好是滴定的计量点，这时 pH 值达到 7.0，再滴入 0.02mL NaOH 溶液（共滴入 NaOH 溶液 20.02mL），pH 值迅速增至 9.7。由此可见，在计量点前后，从剩余 0.02mL HCl 到过量 0.02mLNaOH 溶液，即总共不过 0.04mL NaOH，但溶液的 pH 值却从 4.3 变到 9.7，总共改变了 5.4 个 pH 值单位，pH 值发生了突变。溶液从酸性变成了碱性，发生了质的变化。在曲线中形成了一段（BC 段）垂直线部分，这个垂直线部分就叫作滴定突跃，此后加入过量的 NaOH 溶液，pH 值也没有明显的变化，曲线 CD 段是溶液呈碱性后继续加入 NaOH 的情况，pH 值的变化和 AB 段一样是渐变的。

强碱滴定强酸指示剂的选择，主要是以滴定曲线的 pH 值突跃范围为依据。最理想的指示剂应该恰好在计量点时变化，但实际上这样的指示剂是难以找到的。凡是指示剂的变色范围在滴定突跃范围（pH=4.3～9.7）以内或基本上在突跃范围以内的都可用以指示计量点，而滴定误差都在 0.1%以内。因此，甲基红、溴百里酚蓝、中性红、酚酞等可用作 0.1000mol/L 强碱滴定 0.1000mol/L 强酸的指示剂。甲基橙的变色范围在 pH=3.1～4.4 之间，几乎在突跃范围之外，变色时溶液中还有 0.1～1% HCl 未反应完全，故滴定误差大于 0.1%。

若用 HCl 滴定 NaOH，滴定曲线与图 5-5 方向相反，成对称，滴定突跃范围为 pH=9.7～4.30。用甲基橙做指示剂滴定溶液颜色即由黄变橙，则滴定误差可减小到 0.1%以内。

必须指出，pH 值突跃的大小与酸碱浓度有关。浓度小于 0.01mol/L 的酸碱溶液，一般不能用于滴定。相反地，滴定溶液浓度愈大，则 pH 值突跃范围愈大，可供选用的指示剂也愈多。因此，在酸碱滴定中可利用较浓溶液来提高测定结果的准确度。但溶液浓度

愈大，药品消耗也随之增加。假如被测定成分含量很少时，则由于过量一滴溶液所引起的误差也较大，所以通常所用标准溶液的浓度应在0.01mol/L～1 mol/L之间。

2. 强碱滴定弱酸

以0.1000mol/L NaOH溶液滴定20mL 0.1000mol/L HAc溶液为例。它们的反应方程式是：

$$NaOH + HAc \rightleftharpoons NaAc + H_2O$$

生成的NaAc是一种强碱弱酸盐，水解后溶液呈碱性，所以滴定达到计量点时溶液应呈碱性。将反应过程中pH的计算结果列于表5-4中，并绘制成滴定曲线，见图5-6。

0.1000mol/L NaOH滴定20.00ml HAc的pH变化 **表5-4**

加入的NaOH		剩余的HAc		$[H^+]$ (mol/L)	pH
%	mL	%	mL		
0.0	0.0	100	20.00	1.34×10^{-3}	2.9
90.0	18.0	10.0	2.00	1.8×10^{-6}	5.7
99.0	19.80	1.00	0.20	1.8×10^{-7}	6.7
99.9	19.98	0.10	0.02	1.8×10^{-8}	7.7
100	20.00	0.00	0.00	2×10^{-9}	8.7
100.1	20.02	0.10	0.02	2×10^{-10}	9.7
101	20.20	1.00	0.20	2×10^{-11}	10.7
110	22.00	10.0	2.00	2×10^{-12}	11.7

由此可知，强碱滴定弱酸在计量点时，溶液的pH值大于7，强碱滴定弱酸的突跃部分要比前一类型小得多，并且处在碱性范围之内。这是由于接近计量点时，溶液中HAc已很少，而生成的NaAc愈来愈多，大量NaAc的存在抑制了HAc的电离，使溶液中的H^+离子浓度下降。同时NaAc的水解不断增强，溶液中的OH^-浓度也因而增大，所以当滴入NaOH溶液19.98mL时，虽然溶液还剩余0.02mL HAc，但溶液已呈碱性（pH=7.7），因此，这类滴定突跃部分的起点比前一类滴定要上移。

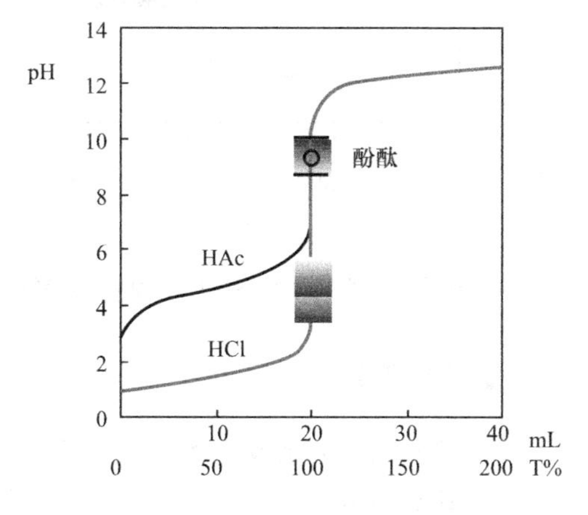

图5-6 强碱滴定弱酸滴定曲线

从图5-6可知，在滴定前，0.1mol/L HAc的pH值=2.9，在开始滴定后，由于生成Ac^-的水解，降低了HAc的电离度和溶液中的H^+离子浓度，所以起始曲线坡度比前一类型大得多。

由于滴定突跃范围在pH=7.7～9.7，只有酚酞的变色范围在滴定突跃范围之内，可以选择酚酞作指示剂。强碱滴定弱酸时，pH值突跃的大小除了与酸碱的浓度有关之外，还与弱酸的电离常数K_a大小有关，弱酸的电离常数愈小，即酸性愈弱，则计量点附近突跃愈小，选择指示剂的范围也愈窄，如图5-7所示的曲线，即为0.1000mol/L NaOH滴定几种电离常数不同的弱酸的情况，第三条曲线（$K_a=10^{-5}$）是NaOH滴定HAc，第四条曲线（$K_a=10^{-7}$）是滴定比HAc更弱的酸，曲线已往上移，用酚酞作指示剂就不合适了，因为未到计量点时就出现了红色，会造成误差。在这种情况下选用百里酚酞较好(其变色范围9.4已没有明显的突跃部分，因此也很难找到合适的指示剂，在这种情况下，就碱滴定法直接滴定)。

3. 强酸滴定弱碱

强酸滴定弱碱的滴定曲线如图5-8所示，其滴定曲线与强碱滴定弱酸相似，仅pH值变化方向相反，例如用0.1mol/L HCl滴定20mL 0.1mol/L $NH_3 \cdot H_2O$，由于反应生成的强酸弱碱盐NH_4Cl的水解，计量点时溶液呈酸性，滴定突跃范围在pH=6.3～4.3之间，计量点pH=5.3，故宜选用甲基红为指示剂，甲基橙也可以。被滴定的物质碱性愈弱，则突跃范围愈小。一般地说，当碱的浓度为0.1mol/L以及$K_b<10^{-7}$时（K_b表示弱碱的电离常数)，便无明显突跃，难以选择指示剂。

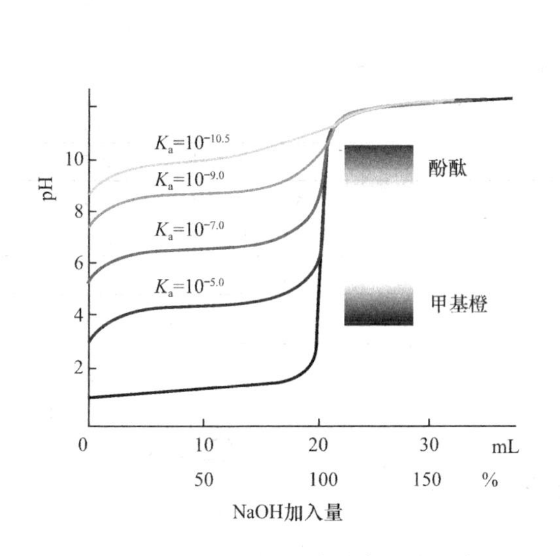

图5-7 强碱滴定不同电离常数的弱酸

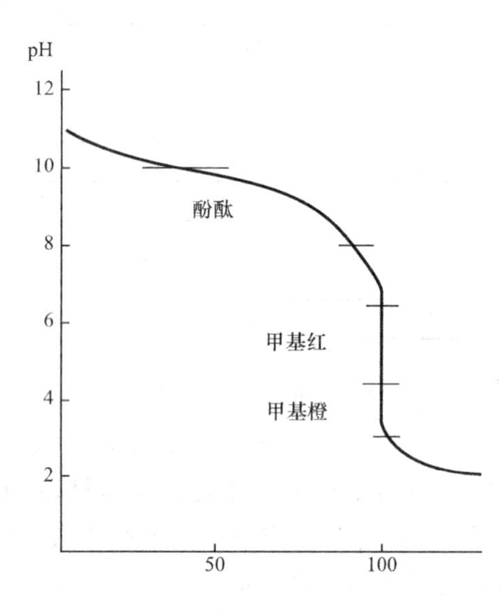

图5-8 强酸滴定弱碱滴定曲线

【思考题】

1. 酸碱指示剂的变色原理是什么？
2. 什么叫滴定突跃？
3. 常用酸碱指示剂有哪些？它们的变色范围？
4. 酸碱滴定法一般使用哪些酸、碱为滴定剂？在酸碱滴定中所用滴定剂的合适浓度为多少？为什么？
5. 什么是酸碱滴定曲线？

任务5.2 水的碱度测定

【任务描述】

在复习水质指标的基础上，引入水中碱度的概念及表示方法，并根据国家生活饮用水规范和环境水质检测的标准方法对现有水样进行碱度测定，测定过程中严格遵守操作规范并做好数据记录。

【学习支持】

一、现场演示

想一想，我们已测定过水的哪些指标？色度、电导率还是其他？

观察图5-9，溶液颜色发生了什么变化？碱度又该怎样测定呢？让我们一起来学习吧！

图5-9　碱度测定时的颜色变化

二、所用试剂和设备

1. 试剂

（1）无二氧化碳水：用于制备标准溶液和稀释用的蒸馏水或去离子水，临用前煮沸15min，冷却至室温。pH值应大于6.0，电导率小于2μS/cm。

（2）0.1%甲基橙指示剂：称取0.5g甲基橙溶于100ml蒸馏水中。

（3）0.1%酚酞指示剂：称取0.1g酚酞，溶于50ml 95%乙醇中，再加入50ml水，摇匀后滴加NaOH溶液至淡粉红色为止。

（4）碳酸钠标准溶液的配制（$C_{\frac{1}{2}Na_2CO_3} \approx 0.020$mol/L）：称取一定质量（于250℃烘干4h）（如m=0.2500g左右）的基准试剂无水碳酸钠（Na_2CO_3），溶于少量无二氧化碳水中，移入250ml容量瓶中，用水稀释至刻度，摇匀。贮于聚乙烯瓶中，保存时间不要超过一周。此溶液用于标定盐酸标准溶液。

Na_2CO_3 标准溶液的浓度 $C_{\frac{1}{2}Na_2CO_3}$（mol/L）$=\dfrac{m\times 1000}{V\times 53}$

式中：m——无水碳酸钠（Na_2CO_3）的质量，g；

53——无水碳酸钠（Na_2CO_3）$\left(\frac{1}{2}Na_2CO_3\right)$的摩尔质量，g/mol；

V——溶液的体积，250ml。

(5) 盐酸标准溶液(0.020mol/L):用分度吸管吸取 5mL 1mol/L 浓盐酸,并用蒸馏水稀释至 250mL,此溶液的浓度约为 0.02mol/L。其准确浓度按下法标定。

盐酸标准溶液标定方法:用无分度吸管吸取 25.00mL 碳酸钠标准溶液于 250mL 锥形瓶中,加入 3 滴甲基橙指示液,用盐酸标准溶液滴定至由桔黄色刚变成桔红色,记录盐酸标准溶液用量。按式(5-1)计算其准确浓度:

$$C=\frac{25.00\times C_2}{V} \tag{5-1}$$

式中:C——盐酸标准溶液浓度,mol/L;

V——盐酸标准溶液的用量,mL;

25.00——被滴定的碳酸钠标准溶液的体积,mL;

C_2——被滴定的碳酸钠标准溶液的浓度,mol/L。

2. 仪器

(1) 50mL 酸式滴定管 1 支,用于装入盐酸标准溶液;

(2) 25、50、100mL 移液管各 1 支,用于移取水样或标准溶液;

(3) 250mL 锥形瓶 4 个。

三、注意事项

1. 当水样中总碱度小于 20mg/L 时,可改用 0.01mol/L 盐酸标准溶液滴定,或改用 10mL 的微量滴定管,以提高测定精度。

2. 若水样中含有游离二氧化碳,则不存在碳酸盐,可直接以甲基橙作指示剂进行滴定。

3. 为减少滴定误差,每次滴定溶液用量最好控制在 20~30mL 之间,如用量太少,则读数误差增大;用量太多,不但手续麻烦,而且产生误差的机会也增多。

【任务实施】

一、盐酸标准溶液的标定

盐酸标准溶液标定方法:用无分度吸管吸取 25.00mL 碳酸钠标准溶液于 250mL 锥形瓶中,加入 3 滴甲基橙指示液,用盐酸标准溶液滴定至由橙黄色刚变成橙红色,记录盐酸标准溶液用量。按式(5-1)计算其准确浓度。

二、水样碱度的测定

(1) 用移液管吸取 100mL 水样于 250mL 锥形瓶中,加入 3 滴酚酞指示剂,摇匀。当溶液呈红色时,用盐酸标准溶液滴定至刚刚褪至无色,记录盐酸标准溶液的用量(用 P 表示)。若加酚酞指示剂后溶液无色,则不需用盐酸标准溶液滴定($P=0$),而是直接进行第(2)步操作。

(2) 在上述锥形瓶中加入 3 滴甲基橙指示剂,摇匀。用盐酸标准溶液滴定至溶液由黄色刚刚变为橙色为止。记录滴加的盐酸标准溶液的用量(用 M 表示)。

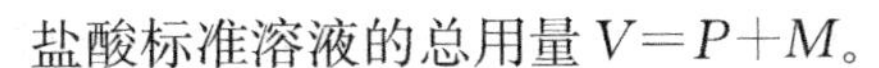

盐酸标准溶液的总用量 $V=P+M$。

(3) 平行测定 2～3 次。盐酸标准溶液的用量为 $V=P+M$。

(4) 计算测定碱度结果，并分析滴定结果。

三、数据记录

记录滴定过程中水样消耗的盐酸准溶液的体积（P、M）

四、计算测定结果，见式(5-2)。

$$\text{总碱度(以 } CaCO_3 \text{ 计,mg/L)} = \frac{C_{HCl} \times V_{HCl} \times 50 \times 1000}{V_{\text{水样}}} \tag{5-2}$$

式中：C_{HCl}——盐酸标准溶液的浓度，mol/L；

V_{HCl}——滴加的盐酸标准溶液的体积，mL，计算总碱度时，取 $P+M$ 总体积，计算酚酞碱度时，取 P（mL），计算甲基橙碱度时，取 M（mL）。

50——碳酸钙 $CaCO_3$ 的摩尔质量（$\frac{1}{2}CaCO_3$），g/mol；

1000——质量单位换算系数，1g=1000mg；

$V_{\text{水样}}$——水样的体积，mL。

【评价】

一、过程评价(表 5-5)

表 5-5

项目	准确性		规范性	得分	备注
	独立完成	老师帮助下完成			
无水碳酸钠 Na_2CO_3 的准确称取					
碳酸钠 Na_2CO_3 标准溶液的浓度计算					
盐酸标准溶液的标定					
盐酸标准溶液浓度的计算					
水样的移取					
水样的酚酞碱度测定					
水样的总碱度测定					
总碱度计算					
综合评价：				综合得分：	

二、过程分析

1. 单独用甲基橙指示剂测出的碱度为什么是水的总碱度？

2. 如果水样加入酚酞指示剂后不变色（即无色），说明什么？下一步测定应如何进行？

3. 测定水中碱度时，若消耗盐酸标准溶液的体积是 $P>M$，说明水中有什么碱度？如果 $P<M$ 时，水中又有什么碱度？

【知识衔接】

一、水的碱度及其组成

水的碱度是指水中所含能与强酸定量作用的物质总量，是水质综合性特征指标之一。

水中的碱度主要是由于钾、钠、钙、镁等的碳酸盐、重碳酸盐及氢氧化物的存在而形成的，磷酸盐及硅酸盐等也会产生一些碱度，但它们在天然水中含量很少，常可忽略不计。根据水中产生碱度的成分，碱度可分为以下 3 类：

（1）碳酸盐碱度：因水中碳酸根（CO_3^{2-}）的存在而产生的碱度，称为碳酸盐碱度。

（2）重碳酸盐碱度：因水中重碳酸根（HCO_3^-）的存在而产生的碱度，称为重碳酸盐碱度。

（3）氢氧化物碱度：因水中氢氧化物（OH^-）的存在而产生的碱度，称为氢氧化物碱度。

可以通过碱度测定并计算，求出相应的碳酸根、重碳酸根、氢氧根离子的含量。

对于废水及其他复杂体系的水体，还含有有机碱类、金属盐类、金属水解盐类等，均为碱度组成部分。在这些情况下，碱度就成为一种水的综合性指标，代表能被强酸滴定物质的总和。

碱度测定的卫生意义不大，但含有氢氧化物的水有涩味，不宜饮用。碱度的测定对于工业用水、水处理的工程设计、运转、科研中有着重要的意义，是一项重要的综合性水质指标。

碱度指标常用于评价水体的缓冲能力及金属在其中的溶解性和毒性，是对水和废水处理过程的判断性指标，在给水处理和污水处理中，都是必不可少的分析项目。例如在水的混凝处理中，需要了解水的碱度，因为具有一定碱度的水才能保证凝聚剂水解作用的顺利进行，若水的碱度不足时，还需在水中投碱，以增加水的碱度；锅炉用水中若含重碳酸盐碱度过高，在加热过程中所产生的 CO_2 将蒸汽带有腐蚀性；含碱性物质比较复杂的工业废水在回收和处理时，总碱度是控制处理效果的主要指标之一。

对于污水，如碱度高的工业废水，在排入水体之前必须进行中和处理，但对于工业废水，由于产生碱度的物质比较复杂，用普通的方法不易分辨各种成分，因而需测定总碱度，也就是水中能与强酸作用的物质的总量。当碱度是由过量碱金属盐类形成时，碱度又被作为确定这种水是否适宜灌溉的重要依据。

二、水中碱度的测定方法

（1）碱度的测定

水的碱度用酸碱滴定法进行测定，用酸标准溶液作滴定剂。酸碱指示剂滴定法是在水样中加入适当的指示剂，用标准酸溶液滴定，当达到一定的 pH 值时，指示剂就发生变色作用，表示滴定终点到达，以此分别测出水样中所含的碱度。这种采用指示剂变色判断滴定终点，简便快捷，适于例行分析。

（2）酸碱滴定法测定碱度的原理

水样用标准酸溶液滴定至规定的 pH 值，其滴定终点可以由预先加入的酸碱指示剂在该 pH 值时颜色的变化来判断。根据到达滴定终点时所滴加的标准酸溶液的用量及其浓度、被滴加的水样体积，即可计算水中的各种碱度和总碱度。标准酸溶液一般采用盐酸（HCl）标准溶液，随着酸的滴加，被滴定的溶液 pH 值逐渐下降。这里酸碱指示剂有两种，即酚酞和甲基橙。

当要测定水中各种碱度（即碳酸盐、重碳酸盐、氢氧化物碱度）时，需进行两次指示剂的加入。首先加入酚酞指示剂，滴加盐酸标准溶液，至溶液颜色由红色变为无色，表示到达计量点（pH＝8.3），第一次滴定终点到达。此时所滴加的盐酸标准溶液体积为 P(mL)，这样算得的碱度称为酚酞碱度，包括氢氧化物碱度和二分之一的碳酸盐碱度。然后以甲基橙作指示剂，继续滴加盐酸标准溶液，当溶液颜色由橙黄色变为橙红色时，表示到达计量点（pH＝3.9），第二次滴定终点到达。此时继续滴加的盐酸标准溶液体积为 M(mL)，这样算得的碱度称为甲基橙碱度，包括二分之一碳酸盐碱度和重碳酸盐碱度。两次滴加的盐酸标准溶液总体积为 $V=P+M$（mL），由总体积可以算得总碱度。可根据表 5-6 确定天然水和未受污染的地表水的碳酸盐碱度、重碳酸盐碱度、氢氧化物碱度、总碱度。

碱度测定滴定结果的分析　　**表 5-6**

测定结果	3 种碱度			总碱度
	OH^-	CO_3^{2-}	HCO_3^-	
$M=0$，$P\neq0$	P	0	0	P
$P>M$	$P-M$	$2M$	0	$P+M$
$P=M$	0	$2P$	0	$P+M$
$P<M$	0	$2P$	$M-P$	$P+M$
$P=0$，$M\neq0$	0	0	M	M

注：本表不适用于污水和复杂体系中碳酸盐和重碳酸盐的计算。

当仅测定总碱度时，则单独用甲基橙指示剂。滴加盐酸标准液至溶液由橙黄色变为橙红色，指示滴定终点到达。滴加的盐酸标准溶液的体积即为总体积，由此可以算得总碱度。

三、碱度的计算，按式(5-2) 计算。

【例题 5-1】 在测定水中总碱度时，以甲基橙为指示剂，盐酸标准溶液滴定待测水样。已知盐酸标准溶液浓度为 0.020mol/L，水样体积为 100mL，滴定至终点时消耗的盐酸标准液为 20.73mL。请计算总碱度（以 $CaCO_3$ 计，mg/L）。

【解】：将已知数据代入碱度计算式（5-2），即可计算得到总碱度。

$$总碱度=\frac{C_{HCl}\times V_{HCl}\times 50\times 1000}{V_{水样}}$$

$$=\frac{0.020\times 20.73\times 50\times 1000}{100}$$

$$=207.3mg/L$$

四、碱度的单位及表示

毫克/升（mg/L）指每升水样中所含有的碱性物质，折算成氧化钙（CaO）或碳酸钙（$CaCO_3$）的毫克数。

【思考题】

1. 什么是水的碱度？水中碱度有哪些分类？
2. 水中碱度的测定意义？
3. 水中碱度的测定步骤？

任务 5.3　水的 pH 值测定

【任务描述】

在复习水中碱度的测定的基础上，引入水中酸碱度的另一种测定方法—电位测定法，并根据国家生活饮用水规范和环境水质检测的标准方法对现有水样进行 pH 值的测定，测定过程中严格遵守操作规范并做好数据记录。

【学习支持】

一、现场演示

想一想，我们学习过的水中碱度的测定方法和步骤？

观察图 5-10（*a*）、图 5-10（*b*）、图 5-10（*c*），看看这是什么？这些是各种各样的酸度计，那酸度计有什么作用？水的 pH 值或水的酸碱度除了用酸碱滴定法测定外，还有其他测定方法吗？让我们一起来学习吧！

（*a*）

图 5-10　酸度计（一）

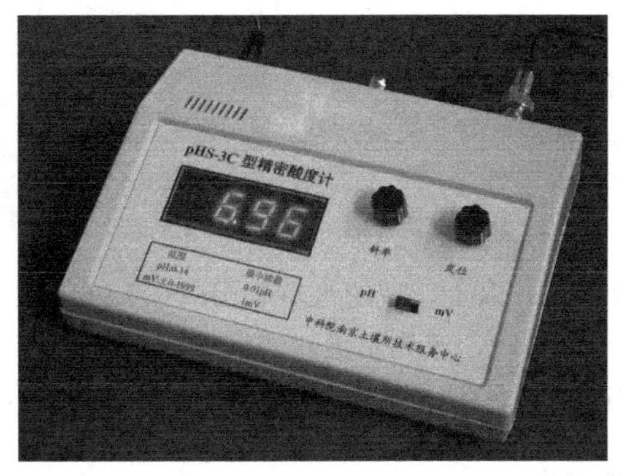

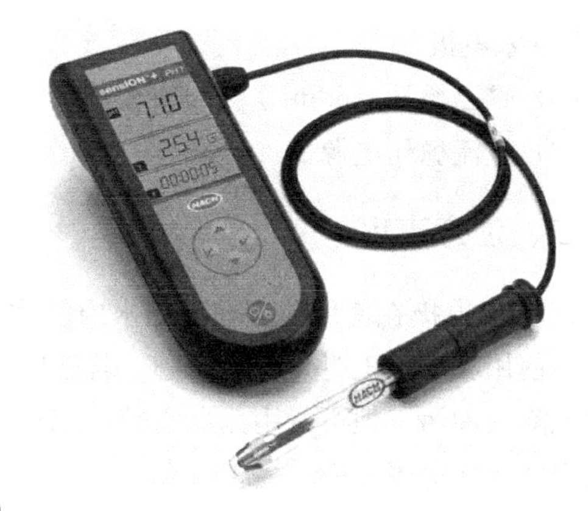

(*b*)

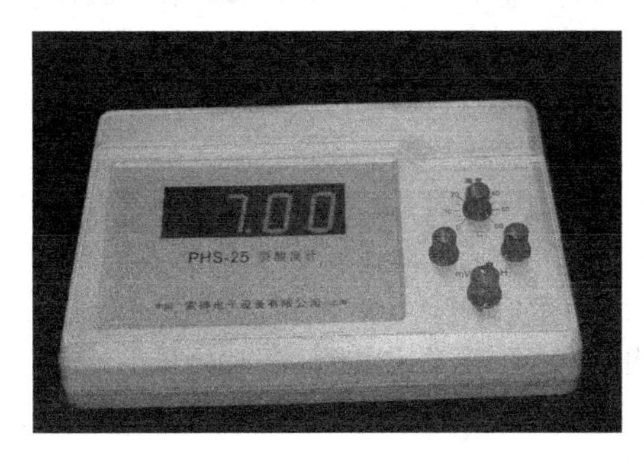

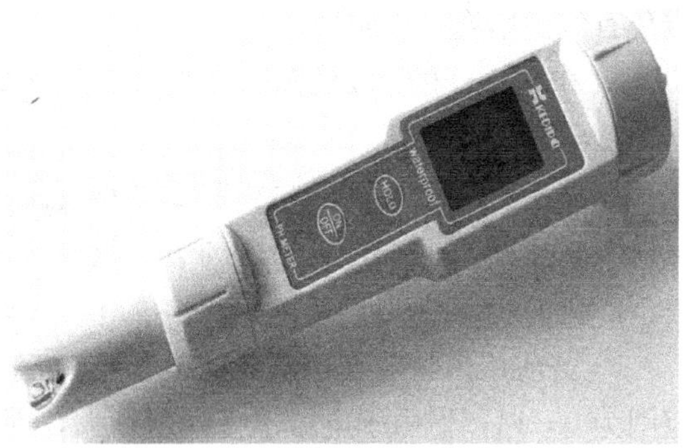

(*c*)

图 5-10　酸度计（二）

二、所用试剂和设备

1. 试剂

(1) pH 值=4.00 标准缓冲溶液（20℃）：称取在 115℃±5℃烘干 2～3h 的 pH 基准缓冲物质邻苯二甲酸氢钾（$KHC_8H_4O_4$）10.21g，溶于不含二氧化碳的去离子水（或蒸馏水）中，然后转移至 1000mL 容量瓶，加水稀释至刻度处，混匀，贮于塑料瓶中（也可用市售袋装标准缓冲溶液试剂，用水溶解，按规定稀释而成）。

(2) pH 值=6.88 标准缓冲溶液（20℃）：称取在 115℃±5℃烘干 2～3h 的 pH 基准缓冲物质磷酸二氢钾（KH_2PO_4）3.40g 和 pH 基准缓冲物质磷酸氢二钠（Na_2HPO_4）3.55g（注意：称取时速度要快），溶于去离子水，并移入 1000mL 容量瓶内，用水稀释至刻度处，混匀，贮于塑料瓶中。

(3) pH=9.22 标准缓冲溶液（20℃）：称取 pH 基准缓冲物质硼酸钠（$Na_2B_4O_7 \cdot 10H_2O$）3.81g，溶于不含二氧化碳的去离子水中，并移入 1000mL 容量瓶内，加水稀释至刻度处，混匀，贮于塑料瓶中。

上述三种标准缓冲溶液通常能稳定 2 个月，其 pH 值随温度不同而稍有差异（详参阅仪器说明书）。

2. 仪器

(1) pHS-25 型（或其他型号）酸度计；电极夹；pH 复合电极（或 231 型玻璃电极、

232型甘汞电极）。

（2）聚乙烯杯（50mL）5个；胶头滴管；滤纸；温度计。

（3）直流稳压电源。

三、注意事项

1. 玻璃电极在使用前应在蒸馏水内浸泡活化24h以上。玻璃泡壁很薄（0.1mm）易碰坏，使用玻璃电极时要特别小心。若玻璃泡受污染时，应先用稀盐酸溶解无机盐结垢，用丙酮除去油污（但不能用无水乙醇）。最后用蒸馏水浸泡。若玻璃电极长期不用，则不必浸泡，放在电极盒内，妥善保存。

2. 甘汞电极的饱和氯化钾液面必须高于汞体，并应有适量氯化钾晶体存在，此外应避免有气泡堵塞，以防短路。

3. 由于水样的pH值随水样吸收二氧化碳等因素的改变而变化，因此水样采集后应立即测定，不宜久存。

4. 若使用221型玻璃电极和222型甘汞电极，则以测试1～9的pH范围为宜。应在pH<1的酸性溶液中，所测得的pH值较实际数值稍偏高。而在pH>9的碱性溶液中，由于产生的所谓“碱差”，而使测得的pH值较实际数值偏低。

5. 若使用由特殊玻璃制成的231型玻璃电极和232型甘汞电极，可以测试的pH值范围为0～14，但由于电极本身内阻较大，因此，在测试强碱溶液时，应将溶液温度控制在15℃以上，迅速测定后将电极立即冲洗干净。

【任务实施】

一、酸度计的使用方法

1. 按照仪器使用说明书的要求，接通电源，按下电源按键，仪器预热30min。

2. 安装电极先把电极夹子夹在电极杆上，然后按要求把玻璃电极及甘汞电极装好。安装时玻璃电极下端玻璃泡必须略高于甘汞电极陶瓷芯底端，以免碰破。使用甘汞电极时，应把上面的小橡皮塞和下端的橡皮套拔去，以保持液压差。

3. 零点校正与定位仪器的使用之前，即测被测溶液之前，先要校正。但这不是说每次使用之前，都要校正。一般在连续使用时，每天校正一次已能达到要求。仪器选择开关置“pH”档或“mV”档，按下法校正：

（1）仪器插上电极，选择开关置于pH档。

（2）仪器斜率调节器调节在100%位置（即顺时针旋到底的位置）。

（3）当分析精度要求不高时，选择一种最接近样品pH值的缓冲溶液（pH=7），当分析精度要求较高时，选择两种缓冲溶液（也即被测溶液的pH值在该两种之间或接近的情况如pH=4和pH=7）。

（4）当电极放入第一种缓冲溶液中，调节温度调节器。使所指示的温度与溶液的温度相同，并摇动试杯，使溶液均匀。待读数稳定后，该读数应为缓冲溶液的pH值，否则调节定位调节器。

（5）电极放入第二种缓冲溶液（如 pH＝4），摇动试杯使溶液均匀。待读数稳定后，该读数应为该缓冲溶液的 pH 值，否则调节斜率调节器。

（6）清洗电极，并吸干电极球泡表面的余水。

经校正的仪器，各调节器不应再有变动。不用时电极的球泡最好浸在蒸馏水中，在一般情况下 24h 之内不需要校正。但遇到下列情况之一，则仪器最好事先进行校正：①溶液温度与标定时的温度有较大的变化时；②干燥过久的电极；③换过了的新电极；④“定位”调节器有变动，或可能有变动时；⑤测量过浓酸（pH<2）或浓碱（pH>12）之后；⑥测量过含有氟化物的溶液而酸度在 pH<7 的溶液之后和较浓的有机溶液之后。

4. 定位（其他型号酸度计）在 50mL 塑料杯内倒入 pH 标准缓冲溶液（所使用的缓冲溶液与待测水样的 pH 值接近）。按说明书的定位要求，重复做 2～3 次，使仪器的指示针位于该标准缓冲溶液的 pH 值处。至此，在测量过程中切勿再动定位开关。

二、水样 pH 值的测量

1. 被测溶液和定位溶液温度相同时：

“定位”保持不变，将电极夹向上移出，用蒸馏水清洗电极头部，并用滤纸吸干；把电极插在被测溶液之内，摇动试杯使溶液均匀后读出该溶液的 pH 值。

2. 被测溶液和定位溶液温度不同时：

“定位”保持不变，用蒸馏水清洗电极头部，用滤纸吸干。用温度计测出被测溶液的温度值，调节“温度”调节器，使指示在该温度值上；把电极插在被测溶液之内，摇动试杯使溶液均匀后读出该溶液的 pH 值。

实验完毕，取下 pH 复合电极用蒸馏水冲洗干净，用滤纸吸干后将电极保护帽套上，帽内应放少量补充液，以保持电极球泡的湿润。甘汞电极用蒸馏水冲洗干净，用滤纸吸干后，套上橡皮套及塞，放回原处保存。而玻璃电极仍继续浸泡在蒸馏水中。关闭电源。

【评价】

一、过程评价(表 5-7)

表 5-7

项目	准确性		规范性	得分	备注
	独立完成	老师帮助下完成			
说出电位法测定 pH 值的原理					
酸度计的使用方法与步骤					
水样 pH 值的测定					
综合评价：				综合得分：	

二、过程分析

1. 在 pH 值>9 时的强碱性溶液中应尽量不使用玻璃电极，为什么？若一定要用，在操作过程要注意什么？

2. 定位后读数开关还能动吗？若不小心按下读数开关时如何处理？

【知识衔接】

一、电位分析法

电位分析法是电化学分析法中的一个重要方法。

电化学分析法是根据物质溶液的电化学性质来确定成分的方法。溶液的电化学现象一般发生在化学电池（原电池或电解池）中，所以这类方法通常是使待测分析试样溶液构成一化学电池，然后根据组成电池的电位差、电流或电量、电解质溶液的电阻等与电解质溶液浓度之间的关系，来确定物质的含量。

电化学分析法的特点是灵敏度、准确度和选择性都很高，被分析物质的最低量接近 10^{-10}mol 数量级。近代电分析化学技术能对低于纳克量的试样作出可靠的分析。随着电子技术的发展，电化学出现了自动化、遥控等新技术。我们重点学习电位分析法。

电位分析法是通过测定电池电动势来求物质含量的方法，它包括直接电位法和电位滴定法。

直接电位法是通过测量原电池的电动势进行定量分析的方法；电位滴定法是依据滴定过程中指示电极的电极电位的变化来确定滴定法。

1. 直接电位法的基本原理

在电极电位法中，构成原电池的两个电极：一个指示电极，其电位随着被测离子的浓度而变化，能指示被测离子的浓度；另一个是参比电极，其电位不受试液组成变化的影响，具有较恒定的数值。当一指示电极与一参比电极共同浸入试液构成原电池时，通过测定原电池的电动势，由电极电位基本公式—能斯特方程式，即可求得被测离子的浓度。

（1）指示电极

1）第一类电极　由金属浸在同种金属离子的溶液中构成。这类电极能反映阳离子浓度的变化，如银丝插入银丝溶液中组成银电极，其电极反应和电位为：

$$Ag^{+} + e \rightleftharpoons Ag \quad E = E^{0} + 0.0591[Ag^{+}]$$

此银电极不但可用于测定银离子的浓度，而且还可用于因沉淀或配合等反应而引起的银离子浓度变化的电位滴定。

2）第二类电极　由金属及其难溶盐的阴离子溶液构成。这类电极能间接反映与金属离子生成难溶盐的阴离子的浓度，如 Ag-AgCl 电极可用于测定 Cl^{-} 的浓度。其电极反应和电位反应如下：

$$AgCl + e^{-} \rightleftharpoons Ag + Cl^{-} \quad E = E^{0}AgCl/Ag - 0.0591[Cl]$$

3）惰性金属电极　由一种性质稳定的惰性金属，如铂电极。在溶液中，电极本身并不参与反应，仅作为导体，是物质的氧化态和还原态交换电子的场所。通过它可以显示出溶液中氧化还原体系的平衡电位。如铂丝插入含有 Fe^{3+} 和 Fe^{2+} 的溶液组成惰性铂电极，其电极反应和电极电位为：

$$Fe^{3+} + e^{-} \rightleftharpoons Fe^{2+}$$

$$E = E^0_{Fe^{3+}/Fe^{2+}} - 0.0591 \frac{[Fe^{3+}]}{[Fe^{2+}]}$$

4）膜电极　这类电极是以固态或液态膜作为传感器，它能指示溶液中某种离子的浓度。膜电位和离子浓度符合能斯特方程式的关系。但是，膜电极的产生机理不同于上述各类电极，其电极上没有电子的转移，而电极电位的产生是由于离子的交换和扩散的结果。各种离子选择性电极就属于这类指示电极，如玻璃电极。

（2）参比电极

参比电极是测量电极电位的相对标准。因此要求参比电极的电极电位恒定、再现性好。通常把标准氢电极作为参比电极的一级标准。但因制备和使用不方便，已很少用它作参比电极，取而代之的是易于制备、使用又方便的甘汞电极和银—氯化银电极。

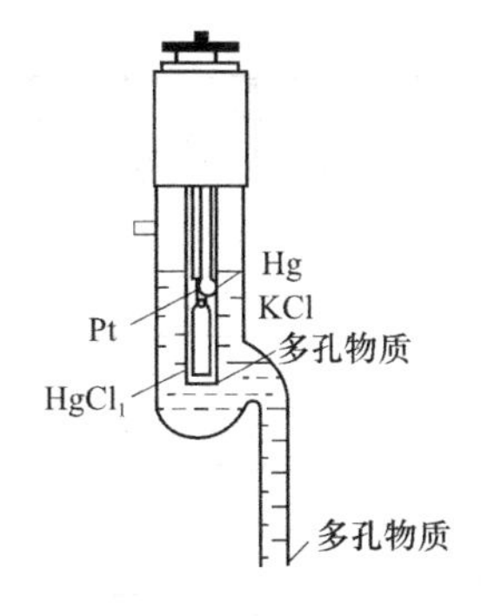

图5-11　甘汞电极

实际工作中最常用的是甘汞电极，它是由金属汞和甘汞Hg_2Cl_2及KCl溶液等构成，其结构如图5-11所示。电极由两个玻璃套管组成。内玻璃管中封一根铂丝，插入纯汞中，下置一层甘汞和汞混合的糊状物。外玻璃管中装入KCl溶液。电极下端与待测溶液接触部位是素烧陶芯或玻璃砂芯等微孔物质，构成使溶液互相连接的通路。

甘汞电极电极反应为：

$$Hg_2Cl_2 + 2e^- \rightleftharpoons 2Hg + 2Cl^-$$

电极电位为：

$$E = E^0_{Hg_2Cl_2/Hg} - 0.0591[Cl] \quad 或 \quad E_{甘汞} = E^0_{甘汞} + 0.0591C_{Cl^-}$$

2. pH值的电位测定方法

（1）玻璃电极

测定H^+的指示电极，应用最广的是玻璃电极。它通常不受溶液中氧化剂或还原剂的影响；不易与杂质作用而中毒，对有色浑浊的溶液也能进行测量；但本身具有很高的电阻，必须辅以电子放大装置才能进行测定。而电阻又与温度有关，温度变化，电阻也随之变化，所以测量仪器应有温度矫正装置。另外，玻璃电极在酸性过高（pH小于1）或碱性过高（pH大于9）的溶液中，也产生pH值误差。

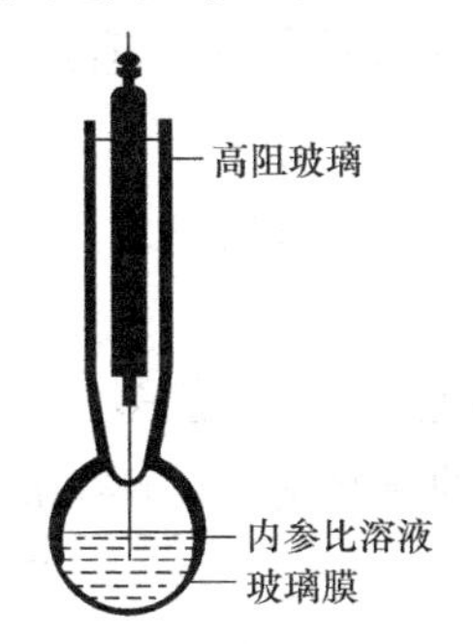

图5-12　玻璃电极的结构

玻璃电极的结构如图5-12所示。它的主要部分是一个玻璃泡，玻璃泡是由特殊成分的玻璃制成的对H^+敏感的薄膜，其厚度约为50μm。玻璃泡内装有pH值一定的缓冲溶液作为内参比溶液，插入一支Ag-AgCl电极（甘汞电极）作为内参比电极。玻璃电极中内参比电极的电位是恒定，与被测溶液的pH值无关。

（2）溶液pH值的测定

用电位法测量溶液的pH值，是以玻璃电极作指示电极，饱和甘汞电极作参比电极，浸入待测溶液中组成原电池。采用酸度计（pH计）直接测量此原电池的电动势，在酸度计上直接读出待测液的pH值。

测量时，先用pH值标准缓冲液来校正仪器上的标度，使指针所指示的标度值恰好为标准溶液的 pH 值；然后换上待测溶液，便可直接测得其 pH 值。为了尽可能减小误差，应选用 pH 值与待测溶液 pH 值接近的标准缓冲液，且在实验的过程中尽量使温度恒定。由于标准溶液是 pH 值测定的基准，所以缓冲溶液的配制及其 pH 值的确定非常重要。我国标准计量局颁布了六种 pH 标准溶液及其在 0～95℃的 pH 值。表 5-8 列出了该六种缓冲液 0～60℃的 pH 值。

pH 基准缓冲溶液 0～60℃的 pH 值 **表 5-8**

温度（℃）	四草酸钾（0.05mol/L）	饱和酒石酸氢钾（25℃）	邻苯二甲酸氢钾（0.05mol/L）	磷酸二氢钾 磷酸氢二钠（0.25mol/L）	硼砂（0.01mol/L）	饱和氢氧化钙（25℃）
0	1.668		4.006	6.981	9.458	13.416
5	1.669		3.999	6.949	9.391	13.210
10	1.671		3.996	6.921	9.330	13.011
15	1.673		3.996	6.898	9.276	12.820
20	1.676		3.998	6.879	9.226	12.637
25	1.680	3.559	4.003	6.864	9.182	12.460
30	1.684	3.551	4.010	6.852	9.142	12.292
35	1.688	3.547	4.019	6.844	9.105	12.130
40	1.694	3.547	4.029	6.838	9.072	11.975
50	1.706	3.555	4.055	6.833	9.015	11.697
60	1.721	3.573	4.087	6.873	8.968	11.426

（3）pH 计的种类

人们根据生产与生活的需要，科学地研究生产了许多型号的酸度计。

按测量精度：

可分 0.2 级、0.1 级、0.01 级或更高精度；选择 pH 酸碱度计的精度级别是根据用户测量所需的精度决定，而后根据用户方便使用而选择各式形状的 pH 计。

按仪器体积：

分为笔式（迷你型）、便携式、台式，还有在线连续监控测量的在线式。

笔式（迷你型）与便携式 pH 酸碱度计一般是检测人员带到现场检测使用；笔式 pH 计，一般制成单一量程，测量范围狭，为专用简便仪器。

便携式和台式 pH 计测量范围较广，不同点是便携式采用直流供电，可携带到现场。

根据使用的要求：

分为化验室用 pH 计，工业在线 pH 计等；化验室 pH 计测量范围广、功能多、测量精度高。工业用 pH 计的特点是要求稳定性好、工作可靠，有一定的测量精度、环境适应能力强、抗干扰能力强，具有数字通讯、上下限报警和控制功能等。

测定溶液 pH 值的酸度计种类很多，学校化验室最常用的是雷磁 25 型及 pHS-25 型，前者最小分度为 0.1pH，后者为 0.02pH。其他如 pHS-10 型，pHS-300 型，pHS-400 型读数精度为 0.001pH，测量结果用数字显示，并可配记录仪及微机联用，仪器的精度及自动化程度都很高。每种仪器的使用应严格按照说明书要求。

【思考题】

1. 电极电位法的特点是什么？玻璃电极为何应用广泛？
2. 指示电极和参比电极的主要作用是什么？
3. 使用玻璃电极和甘汞电极时要注意什么？

项目6

水中总硬度的测定

【项目概述】

在烧水的水壶内壁，有时会呈现出淡黄的水垢，那么水垢是怎么形成的？水中硬度与水垢有什么关系？硬度又该怎样测定呢？让我们带着这些疑问一起来学习。

任务6.1 络合滴定与金属指示剂的选择

【任务描述】

观察几种金属指示剂的外形、颜色，引入络合滴定和金属指示剂的概念，能识别和正确选择金属指示剂。

【学习支持】

一、现场演示

观察图6-1、图6-2，看看这是什么？比较一下它们有什么区别？这些试剂又有什么作用呢？

图6-1 铬黑T

图6-2 钙指示剂

二、所用试剂和设备

1. 试剂

（1）铬黑 T。

（2）钙指示剂。

2. 仪器

试剂瓶

【任务实施】

一、说说什么是络合滴定法

1. 络合滴定法的概念；
2. 配合剂的分类；
3. 配合滴定必须要符合哪些条件；
4. 目前广泛应用的有机配合剂是什么？

二、识别、选择金属指示剂

1. 观察试剂，标出金属指示剂的名称，并说明其使用要点；
2. 说说测定水的硬度时，使用哪种金属指示剂。

【评价】

一、过程评价

表 6-1

项目	准确性		熟练性	得分	备注
	独立完成	老师引导下完成			
说出络合滴定法的概念					
配合剂的分类					
配合滴定必须要符合的条件					
目前广泛应用的有机配合剂					
识别金属指示剂					
金属指示剂的使用要点					
测定水的硬度使用的指示剂名称					
综合评价：				综合得分：	

二、过程分析

1. 是否所有的配合反应都能用来进行配合滴定？为什么？
2. 目前广泛使用的有机配合剂是什么？

【知识衔接】

一、络合滴定法(配位滴定法)

在化学分析中，常利用金属离子与某些试剂生成配合物的反应来测定某些金属离子的含量。利用形成配合物（或络合物）的反应进行的滴定分析法，称为配位滴定法，也称络合滴定法。金属离子与配合剂作用生成难电离的配离子或配合分子的反应，叫作配合反应。配合剂可分为无机和有机配合剂两类；无机配合剂很早就在分析化学中应用，例如用硝酸银（$AgNO_3$）标准溶液滴定电镀液中氰离子（CN^-）的含量，反应如下：

$$AgNO_3 + 2KCN \rightleftharpoons K[Ag(CN)_2] + KNO_3$$

即

$$Ag^+ + 2CN^- \rightleftharpoons [Ag(CN)_2]^-$$

随着 Ag^+ 的不断加入，与 CN^- 配合生成难电离的可溶性［$Ag(CN)_2$］，CN^- 浓度逐渐减小，到计量点时，CN^- 几乎都变成了［$Ag(CN)_2$］$^-$，可由 Ag^+ 的消耗量求得 CN^- 的含量；银离子和氰离子生成二氰合银配离子［$Ag(CN)_2^-$］，当滴定到化学计量点时，稍过量的银离子与配离子生成白色沉淀，使溶液变浑浊，指示滴定终点到达。

并不是所有的配合反应都能用来进行配合滴定，作为配合滴定的反应，必须满足下列条件：

1. 形成的配合物必须很稳定；
2. 配合反应必须迅速；
3. 形成的配合物最好是可溶的；
4. 在滴定过程中，如有分级配合现象，则各配合物的稳定性应有较大的差别。

虽然能够形成无机配合物的反应很多，而能用于滴定分析的并不多，原因是许多无机配合反应常常是分级进行，并且配合物的稳定性较差，因此计量关系不易确定，滴定终点不易观察，有些反应找不到适当的指示剂，致使配位滴定方法受到很大局限。自 20 世纪 40 年代开始发展了有机配位剂，特别是氨羧配合剂与金属离子形成组成一定、稳定性很大的配合物，克服了无机配合剂的一些缺点，在分析化学中得到了日益广泛的应用，从而推动了配合滴定法的迅速发展。

目前常用的有机配位剂是氨羧配位剂，它是一类含有氨基和羧基的有机配合剂，其中以 EDTA 应用最广泛。

二、金属指示剂

1. 铬黑 T(简称 BT 或 EBT)　铬黑 T 的钠盐为褐色粉末，带有金属光泽，使用时最适宜的 pH 范围是 9～10.5。在测定水总硬度时常用铬黑 T 做指示剂，到达滴定终点时，溶液颜色由紫红色变成蓝色，且变色相当明显。

铬黑 T 不溶于水，但能溶于甲醇或乙醇中。配成溶液后，由于空气的氧化作用会渐渐失效，但加入还原性保护剂（如抗坏血酸或盐酸羟胺)，则可延长其使用时间。

铬黑 T 常与 NaCl 或 KCl 等中性盐按 1∶100 的比例混合研细，然后保存于干燥器中，

这样可以延长使用期。使用时用药匙取约 0.1g，大约相当于铬黑 T1mg。

2. 钙指示剂（简称 BB）　钙指示剂为紫黑色粉末，很稳定。但其水溶液、乙醇溶液均不稳定，常与干燥的 NaCl、KCl（1∶100）配成固体指示剂，称之为钙红。固体指示剂也能逐渐氧化，放数月后色素浓度减少 10%～20%，但分解产物不影响指示剂的变色。

钙指示剂在 pH=12～14 范围内是蓝色，它与钙离子（Ca^{2+}）生成紫红色的配离子，常用于 Ca^{2+}、Mg^{2+} 离子共存时 Ca^{2+} 离子的测定。测定时，调节溶液 pH=12，生成 $Mg(OH)_2$ 沉淀从溶液中除去，故可直接滴定钙离子。为减少沉淀对指示剂的吸附，一般应在沉淀 $Mg(OH)_2$ 后再加指示剂。到达终点时，溶液由紫红色变为纯蓝色。

【思考题】

1. 什么是络合滴定法？络合滴定法的滴定原理是什么？
2. 配位滴定法使用铬黑 T 的 pH 条件是多少范围？
3. 常见的金属指示剂的名称，并说明其使用要点。

任务 6.2　水中硬度的测定

【任务描述】

在观察有明显水垢水样的基础上，引入水中硬度的概念及表示方法，并根据国家生活饮用水规范和环境水质检测的标准方法对现有水样进行硬度测定，测定过程中严格遵守操作规范并做好数据记录。

【学习支持】

一、现场演示

观察图 6-3、图 6-4，看看这是什么？存水的容器或烧水的水壶内有非常明显的水垢，那么水垢是怎么形成的？水中硬度与水垢有什么关系？硬度又该怎样测定呢？让我们一起来学习吧！

图 6-3　硬度大时的水垢

图 6-4　烧水水壶内的水垢

二、所用试剂和设备

1. 试剂

(1) 氨缓冲溶液（pH=10）：称取16.9g分析纯氯化铵（NH_4Cl）溶于少量蒸馏水中，加入143mL分析纯浓氨水（$\rho_{20}=0.88$g/mL），然后用蒸馏水稀释至1L。称取1.25gMgEDTA，配入250mL缓冲溶液中。

(2) 铬黑T指示剂：称取铬黑T0.5g溶于10mL上述氨缓冲溶液中，然后加无水乙醇稀释至100mL，置于棕色瓶中。此溶液在冰箱保存，有效期约1个月。用下面的方法配制的固体指示剂可较长期保存：以0.5g铬黑T和100g固体氯化钠（分析纯），在研钵中研磨均匀，贮于棕色瓶内保存。

(3) 10%分析纯氨水溶液。

(4) 1∶1盐酸溶液。

(5) 金属锌（含锌99.9%以上）：先用稀盐酸洗去表面氧化物，然后先用水漂洗干净，再用丙酮漂洗，沥干后于110℃下烘5min备用。

(6) 锌标准溶液（$C_{Zn^{2+}}=0.010$mol/L）：准确称取0.6538g上述金属锌，于100mL烧杯中，加入6mL 1+1盐酸溶液，盖上表面皿，在水浴上加热（可加数滴过氧化氢加速溶解），待完全溶解后，移入1L容量瓶中，加蒸馏水至刻度，混匀。根据下式计算锌标准溶液的准确浓度：

$$C_{Zn^{2+}}(\text{mol/L})=\frac{m_{Zn}}{65.38\times V_{Zn^{2+}}}$$

(7) EDTA二钠标准溶液（$C_{EDTA}\approx0.01$mol/L）：将EDTA二钠二水合物（$C_{10}H_{14}N_2O_8Na_2\cdot H_2O$）在80℃干燥，放入干燥器中冷至室温，称取3.7250g溶于水，在容量瓶中定容至1000mL，盛放在聚乙烯瓶中；其准确浓度可用锌标准溶液进行标定。

EDTA二钠标准溶液标定方法：用移液管吸取25.00mL上述锌标准溶液于250mL锥形瓶中，加入75mL蒸馏水。用10%氨水调节pH≈10，加5mL缓冲溶液和4～5滴铬黑T指示剂，摇匀。立即在不断振荡下用EDTA二钠标准溶液进行滴定，滴至溶液由紫红色变为蓝色即为终点。记录EDTA二钠标准溶液的用量V_1。平行测定2～3次。按下式计算其准确浓度：

$$C_{EDTA}=\frac{25.00\times C_{Zn^{2+}}}{V_1} \tag{6-1}$$

式中：C_{EDTA}——EDTA标准溶液浓度，mol/L；

V_1——消耗EDTA标准溶液的用量，mL；

25.00——被滴定的锌标准溶液的体积，mL；

$C_{Zn^{2+}}$——被滴定的锌标准溶液的浓度，mol/L。

2. 仪器

(1) 50mL酸式滴定管1支，用于装入EDTA标准溶液；

(2) 10、25、50、100mL移液管各1支，用于移取水样或标准溶液；

(3) 250mL锥形瓶4个。

三、注意事项

1. 在水样中加入缓冲溶液后，必须立即滴定，并在5min内完成滴定过程。在到达滴定终点之前，每加1滴EDTA标准溶液，都应充分振摇，最好每滴间隔2～3s。否则水样中钙、镁离子可能产生沉淀，使测定结果偏低。

2. 应在白天或日光灯下滴定，白炽灯光使滴定终点呈紫色，不宜使用。

3. 若水样的酸性或碱性太强，加入缓冲溶液后，不能达到理想pH值，因而要用氨水或盐酸溶液调节至中性（可用刚果红试纸检验）。

4. 若水样中含镁盐较低，会使滴定终点变色不明显，因此可加入镁盐，使滴定终点敏锐。

5. 若水样50mL硬度大于3.6mmol/L时，可取10～25ml水样用蒸馏水稀释至50mL。

6. 本方法的主要干扰离子有Fe^{3+}、Al^{3+}、Cu^{2+}、Zn^{2+}、Mn^{2+}等。当Mn^{2+}含量超过1mg/L时，在加入指示剂后，溶液会出现混浊的紫红色。可在水样中加入0.5～2mL1%的盐酸羟胺溶液消除。Fe^{3+}和Al^{3+}的干扰，可加入1∶1三乙醇胺掩蔽。Cu^{2+}和Zn^{2+}的干扰，可加入2%硫化钠溶液0.5～4.5mL，使生成硫化铜和硫化锌，从而消除干扰。

【任务实施】

一、EDTA标准溶液的配制与标定

1. EDTA标准溶液的配制

称取EDTA—2Na盐0.9000g左右，加入50mL蒸馏水溶解，转移到250mL试剂瓶，稀释至250mL，贴上标签待用。

2. EDTA—2Na标准溶液的标定

移取锌标准溶液25mL，加蒸馏水75mL，加缓冲溶液5mL，调节溶液的pH≈10，滴入铬黑T5滴，以EDTA滴定；滴定至溶液由紫红色变为蓝色时滴定终点到达，记录消耗锌标准溶液用量，并按式（6-1）计算EDTA—2Na标准溶液的浓度；做平行实验三次。

二、水样硬度的测定

1. 用移液管移取水样100mL于250mL锥形瓶中（若硬度过大，可取适量水样用蒸馏水稀释至50mL）。

2. 加入2mL缓冲溶液和4滴铬黑T指示剂，摇匀；使水样呈明显的紫红色，使其pH≈10.0。

3. 立即用EDTA二钠标准溶液滴定，开始滴定时速度宜稍快，接近终点时应稍慢，并充分振摇，防止产生沉淀。溶液的颜色由紫红色变为蓝色，在最后一点紫的色调消失，刚出现蓝色时即为终点。整个滴定过程应在5分钟内完成。记录EDTA二钠标准溶液的用量V_{EDTA}。

同时做空白试验，记录EDTA标准溶液用量为V_0。

4. 平行测定3次，求V_{EDTA}。

三、数据记录

记录水样消耗的EDTA二钠标准溶液的体积和空白试验消耗的EDTA二钠标准溶液的体积。

四、计算测定结果

$$总硬度(以CaCO_3计,mg/L)=\frac{C_{EDTA}\times(V_{EDTA}-V_0)\times100\times1000}{V_{水样}} \quad (6\text{-}2)$$

$$总硬度(mmol/L)=\frac{C_{EDTA}\times(V_{EDTA}-V_0)\times100}{V_{水样}} \quad (6\text{-}3)$$

式中：C_{EDTA}——EDTA二钠标准溶液的浓度，mol/L；

V_{EDTA}——水样消耗的EDTA二钠标准溶液的体积，mL。

V_0——空白试验消耗的EDTA二钠标准溶液的体积，mL。

100——$CaCO_3$的摩尔质量，g/mol；

1000——质量单位换算系数，1g=1000mg；

$V_{水样}$——水样的体积，mL。

【评价】

一、过程评价(表6-2)

表6-2

项目	准确性		规范性	得分	备注
	独立完成	老师帮助下完成			
EDTA二钠标准溶液的称重					
EDTA二钠标准溶液的配制					
EDTA二钠标准溶液的标定					
EDTA二钠标准溶液浓度的计算					
水样的移取					
水样的硬度测定					
空白试验					
硬度计算					
综合评价：				综合得分：	

二、过程分析

1. 在测定水中硬度的滴定过程中，为什么要控制溶液的pH值？

2. 若水样中有干扰离子Fe^{3+}、Al^{3+}、Cu^{2+}、Zn^{2+}、Mn^{2+}等离子干扰测定时，应如何处理？

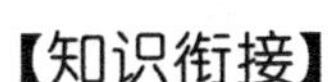

一、水的硬度

水的硬度主要指水中含有可溶性钙盐和镁盐的多少。其他多价金属离子，如 Fe^{3+}、Al^{3+}、Mn^{2+} 等也能使水产生硬度，但在一般天然水中，这些离子含量甚微，在测定硬度时可忽略不计。因此，水中 Ca^{2+}、Mg^{2+} 离子的多少，便决定了水中硬度的大小。天然水中，雨水属于软水，普通地面水硬度不高，但地下水的硬度较高。水硬度的测定是水的质量控制的重要指标之一。

钙（Ca）广泛地存在于各种类型的天然水中，浓度为每升含零点几毫克到数百毫克不等。它主要来源于含钙岩石（如石灰岩）的风化溶解，是构成水中硬度的主要成分。钙是构成动物骨骼的主要元素之一。硬度过高的水不适宜工业使用，特别是锅炉作业。由于长期加热的结果，会使锅炉内壁结成水垢，这不仅影响热的传导，而且还隐藏着爆炸的危险，所以应进行软化处理。此外，硬度过高的水也不利于人们生活中的洗涤及烹饪，会大量消耗洗涤剂，饮用了这些水还会引起肠胃不适。但水质过软也会引起或加剧某些疾病。因此，适量的钙是人类生活中不可缺少的。

镁（Mg）是天然水中的一种常见成分，它主要是含碳酸镁的白云岩以及其他岩石的风化溶解产物。镁在天然水中的浓度为每升零点几到数百毫克不等。镁是动物体内所必需的元素之一，人体每日需镁量约为 0.3～0.5g，浓度超过 125mg/L 时，还能起到导泻和利尿作用。镁盐也是水质硬化的主要因素，硬度过高的水不适宜工业使用，它能在锅炉中形成水垢，故应对其进行软化处理。

水中硬度高时，烧开水的锅炉要定期除去水垢，因为水垢影响传热，水垢过多，还可能因局部受热不均匀引起锅炉爆炸。热水瓶胆中的水垢也影响热水瓶的保温性能。由于醋酸的酸性比碳酸的酸性强，在家庭中，可以用醋除去水垢。

在天然水中，钙盐和镁盐以碳酸盐、重碳酸盐、硫酸盐、氯化物或硝酸盐的形式存在。

二、硬度的分类

水的硬度分为两种：

1. 暂时硬度（碳酸盐硬度） 暂时硬度主要是由水中钙、镁离子的重碳酸盐 $Ca(HCO_3)_2$、$Mg(HCO_3)_2$ 所形成，当这种水煮沸时，钙、镁的重碳酸盐将分解形成沉淀。

$$Ca(HCO_3)_2 \rightleftharpoons CaCO_3\downarrow + CO_2\uparrow + H_2O$$

$$Mg(HCO_3)_2 \rightleftharpoons MgCO_3\downarrow + CO_2\uparrow + H_2O$$

由于在加热的水中碳酸盐硬度大部分可被除去，所以把这种硬度称为暂时硬度。

2. 永久硬度（非碳酸盐硬度） 非碳酸盐硬度主要由水中钙、镁的硫酸盐、氯化物等盐类，如 $CaSO_4$、$MgSO_4$、$CaCl_2$ 和 $MgCl_2$ 等形成。由于它不能用一般的煮沸方法除去，所以把这种硬度称为永久硬度。

碳酸盐硬度＋非碳酸盐硬度＝总硬度

3. 水硬度的表示方法

世界各国表示水硬度的方法不尽相同。例如，德国硬度——1德国硬度相当于CaO含量为10mg/L。我国采用mmol/L或mg/L（$CaCO_3$）为单位表示水的硬度。

我国现行的《生活饮用水卫生标准》GB 5749—2006规定，总硬度（以$CaCO_3$计，mg/L）不得超过450。

三、水中总硬度的测定方法

EDTA配位滴定法简单快速，是一种最常选用的测定硬度的方法。

在pH=10时，以铬黑T（以In表示）为指示剂，用EDTA标准溶液滴定即可求出水中钙镁总量。当水样加入铬黑T指示剂时，钙、镁离子与之配合形成紫红色的配合物，反应如下：

$$Ca^{2+} + In(\text{蓝色}) \rightleftharpoons [CaIn](\text{紫红色})$$

$$Mg^{2+} + In(\text{蓝色}) \rightleftharpoons [MgIn](\text{紫红色})$$

用EDTA标准溶液滴定水样，其与水中游离的钙Ca^{2+}、镁Mg^{2+}生成无色的配离子：

$$Ca^{2+} + H_2Y^{2-} \rightleftharpoons [CaY]^{2-} + 2H^+$$

$$Mg^{2+} + H_2Y^{2-} \rightleftharpoons [MgY]^{2-} + 2H^+$$

由于配合物［CaIn］、［MgIn］没有配合物$[CaY]^{2-}$、$[MgY]^{2-}$稳定，所以到化学计量点时，当继续加入EDTA时，便将配合物［CaIn］、［MgIn］中的Ca^{2+}、Mg^{2+}夺出，而游离出指示剂。当配合物［CaIn］、［MgIn］中的Ca^{2+}、Mg^{2+}全部被EDTA夺走时，即滴定至终点时，溶液由紫红色变为纯蓝色，如图6-5，反应如下：

图6-5 硬度测定时的颜色变化

$$[CaIn] + H_2Y^{2-} \rightleftharpoons [CaY]^{2-} + 2H^+ + In$$

$$[MgIn] + H_2Y^{2-} \rightleftharpoons [MgY]^{2-} + 2H^+ + In$$

溶液的pH值对滴定影响很大。碱性增大可使滴定终点明显。但是pH值过高，会有氢氧化镁沉淀。故以pH=10为宜，在滴定过程中有H^+产生，为保持溶液的pH=10，必须使用缓冲溶液。水样中若有干扰离子存在，应该设法消除。

【例题6-1】 在测定水中总硬度时，以铬黑T为指示剂，在pH=10条件下，用EDTA标准溶液滴定待测水样。已知EDTA标准溶液浓度为0.0100mol/L，水样体积为50ml，滴定至终点时消耗的EDTA标准液为20.89ml；同时作空白试验，消耗EDTA标准液为2.10ml；请计算总硬度（以$CaCO_3$计，mg/L）。

【解】 将已知数据代入总硬度计算式（6-2），即可计算得到总硬度：

$$\text{总硬度(以}CaCO_3\text{计,mg/L)} = \frac{C_{EDTA} \times (V_{EDTA} - V_0) \times 100 \times 1000}{V_{\text{水样}}}$$

$$= \frac{0.0100 \times (20.89 - 2.10) \times 100 \times 1000}{50} = 375.8\text{mg/L}$$

【思考题】

1. 水的总硬度主要由哪两种离子决定的？它们在天然水中以哪几种形式存在？

2. 简述水中硬度的分类。

3. 简述 EDTA 配位滴定法测定总硬度的原理。

4. 简述 EDTA 配位滴定法测定总硬度的步骤。

5. 取水样 100.0mL，用 0.0100mol/L 的 EDTA 标准溶液滴定到终点时，用去 EDTA 标准溶液 25.00mL；试计算水样中的硬度？

6. 取水样 100.0mL，用 0.0100mol/L 的 EDTA 标准溶液滴定到终点时，用去 EDTA 标准溶液 20.00mL。同时做空白试验，用去 EDTA 标准溶液 1.50mL。试计算水样中的硬度？

项目 7
水中可溶性氯化物的测定

【项目概述】

几乎所有的天然水中都含有氯离子，它的含量范围变化很大。在河流、湖泊、沼泽地区，氯离子含量一般较低，但在海水、盐湖及某些地下水中，含量可高达数 10 克/升。人类的生存活动中，氯化物有重要的生理作用及工业用途。生活污水和工业废水中，均含有相当数量的氯离子。那么如何来测定氯化物呢？这就是我们要学习的。

任务 7.1 硝酸银滴定法测定水中可溶性氯化物

【任务描述】

测定氯化物的方法较多，硝酸银滴定法所需仪器设备简单，适合于清洁水的测定。也适用于经过适当稀释的高矿化度废水，咸水、海水等经过各种预处理的生活污水和工业废水。在学习该方法之前，要先掌握沉淀滴定法的基本原理，然后根据操作规范进行测定。

【学习支持】

沉淀滴定法是基于沉淀反应的滴定分析法。适于滴定分析的沉淀反应必须符合下列条件；

（1）沉淀的溶解度必需很小（溶出的离子浓度$<10^{-5}$mol/L）；

（2）反应迅速，按一定化学计量关系定量进行；

（3）有适当的指示剂或方法指示终点；

（4）沉淀的共沉淀现象不影响沉淀的结果。

上述条件限制了沉淀反应在沉淀滴定分析中的应用，目前应用于沉淀滴定法最广的是生成难溶性银盐的反应：

$$Ag^{+}+X \rightleftharpoons AgX\downarrow \quad (X代表 Cl^{-}、Br^{-}、I^{-}、CN-、SCN^{-} 等)$$

这种以生成难溶性银盐为基础的沉淀滴定法称为银量法。根据所选指示剂的不同，银量法可分为莫尔法、佛尔哈德法、法扬司法、碘一淀粉指示剂法等。但是通常天然水中可能同时含有多种可以和 Ag^+ 生成难溶性银盐的离子，那么谁先变成沉淀析出呢？

一、莫尔法滴定原理

在中性或弱碱性溶液中，用 K_2CrO_4 作指示剂，用 $AgNO_3$ 标准溶液直接滴定含 Cl^- 的溶液，虽然 $K_{sp}(AgCl)=1.8\times10^{-10}$，$K_{sp}(Ag_2CrO_4)=1.1\times10^{-12}$，也就是说 Ag_2CrO_4 的溶度积常数小。但是 AgCl 的溶解度 $S(AgCl)=1.3\times10^{-5}$ mol/L，Ag_2CrO_4 的溶解度 $S(Ag_2CrO_4)=6.5\times10^{-5}$ mol/L，由于 AgCl 的溶解度小于 Ag_2CrO_4 的溶解度，Ag^+ 会与 Cl^- 先生成白色 AgCl 沉淀：

$$Ag^+ + Cl^- \rightleftharpoons AgCl\downarrow(\text{白色})\quad K_{sp}=1.8\times10^{-10}$$

两者反应结束时，$[Ag^+][Cl^-]=K_{sp}(AgCl)=1.8\times10^{-10}$，$[Ag^+]=[Cl^-]=1.3\times10^{-5}$ mol/L。这时，若 Ag^+ 与 CrO_4^{2-} 生成砖红色 Ag_2CrO_4 沉淀：

$$2Ag^+ + CrO_4^{2-} \rightleftharpoons Ag_2CrO_4\downarrow(\text{砖红色})\quad K_{sp}=1.1\times10^{-12}$$

需满足 $[Ag^+]^2[CrO_4^{2-}]=K_{sp}(Ag_2CrO_4)=1.1\times10^{-12}$，即 $[CrO_4^{2-}]=6.5\times10^{-3}$ mol/L。

因此，测定 Cl^- 时，加入浓度 6.5×10^{-3} mol/L 的 CrO_4^{2-}，利用它与氯离子被硝酸银沉淀后溶解出的少量银反应生成砖红色沉淀指示氯离子完全反应的终点。实际滴定中：因为 K_2CrO_4 本身呈黄色，按 $[CrO_4^{2-}]=6.5\times10^{-3}$ mol/L 加入，则黄颜色太深而影响终点观察，实验中，通常 50～100ml 被滴定液中加入 5%铬酸钾溶液 1ml，使 CrO_4^{2-} 浓度为 2.6×10^{-3} mol/L～5.2×10^{-3} mol/L 范围比较理想。

为了克服滴定误差和防止由于终点观察不敏锐带来的误差，莫尔法滴定时要做指示剂的空白试验，应该用不含 Cl^- 的惰性沉淀 $CaCO_3$ 溶液做空白试验，有时为了简便，或者对于误差要求不很严格的测定，也可用蒸馏水做空白试验。

二、滴定条件

1. pH 值对 Cl^- 测定的影响

(1) pH<6.5 时，CrO_4^{2-} 转化为 $Cr_2O_7^{2-}$，无法指示终点；

$$Ag_2CrO_4 + H^+ \rightleftharpoons 2Ag^+ + HCrO_4^-$$

$$2HCrO_4^- \rightleftharpoons Cr_2O_7^{2-} + H_2O$$

(2) pH>11 时，Ag^+ 与 OH^- 反应生成氧化银沉淀，终点推后；

$$Ag^+ + OH^- \rightleftharpoons AgOH\downarrow \qquad 2AgOH \rightarrow Ag_2O\downarrow + H_2O$$

通常溶液的酸度应控制在 pH=6.5～10.5（中性或弱碱性）。

(3) 当水样中有铵盐存在时，AgCl 溶解度增大，结果偏高。pH 应控制在 6.5～7.2 之间。

$$NH_4^+ + OH^- \rightleftharpoons NH_3 + H_2O \xrightarrow{Ag^+} Ag(NH_3)_2^+$$

2. 沉淀的吸附现象

（1）滴定过程中先生成的AgCl会强烈吸附Cl^-，使溶液中的Cl^-浓度降低，终点提前。因此滴定时必须剧烈摇动溶液，减少分析误差。AgBr沉淀吸附更强。

（2）莫尔法只能测定Cl^-或Br^-，不能测I^-、SCN^-，因为AgI、AgSCN吸附能力太强，AgI吸附I^-，AgSCN吸附SCN^-，使终点提前出现，产生负误差。

（3）本法适宜Ag^+滴定Cl^-，不宜Cl^-滴定Ag^+，因为在化学计量点附近Ag_2CrO_4沉淀不易迅速转化为AgCl沉淀，无法判别滴定终点。

3. 干扰离子的影响

（1）能与Ag^+生成沉淀的阴离子，如：PO_4^{3-}、AsO_4^{3-}、SO_3^{2-}、S^{2-}、CO_3^{2-}、$C_2O_4^{2-}$；

（2）能与CrO_4^{2-}生成沉淀的阳离子，如：Pb^{2+}、Ba^{2+}；

（3）在弱碱性条件下易水解的离子，如：Al^{3+}、Fe^{3+}、Bi^{3+}；

（4）大量的有色离子，如：Co^{2+}、Cu^{2+}、Ni^{2+}。

上述离子都可能干扰测定，应预先分离。

【任务实施】

一、仪器与试剂

1. 仪器

锥形瓶250mL，棕色酸式滴定管50mL。

2. 试剂

（1）氯化钠标准溶液C（NaCl）=0.0141mol/L：将基准试剂氯化纳置于瓷坩锅内，在500～600℃下灼烧40～50min。在干燥器中冷却后称取8.2400g溶于蒸馏水中，在容量瓶中稀释至1000mL。吸取10.0mL，在容量瓶中准确稀释至100mL，此溶液相当于500mg/L（Cl^-）含量。或者用下式计算：

$$C(Cl^-)=m(NaCl)\times\frac{35.45}{58.44}\times\frac{1}{10} \tag{7-1}$$

式中：m（NaCl）——称取NaCl的质量，mg；

$C(Cl^-)$——1.00mL氯化钠标准溶液相当于氯化物（Cl^-）的质量，mg；

35.45——氯离子摩尔质量，mol/g；

58.44——氯化物摩尔质量，mol/g；

10——浓度稀释的倍数。

（2）硝酸银标准溶液C（$AgNO_3$）≈0.0141mol/L：称取2.395g硝酸银（$AgNO_3$），溶于蒸馏水中，在容量瓶中稀释至1000mL，贮于棕色瓶中。用氯化钠标准溶液标定其浓度，步骤如下：

准确吸取25.00mL氯化钠标准溶液于250mL锥形瓶中，加蒸馏水25mL。另取一锥形瓶，量取蒸馏水50mL作空白。各加入1mL铬酸钾指示液，在不断的摇动下用硝酸银标准溶液滴定至砖红色沉淀刚刚出现为终点。计算每毫升硝酸银溶液所相当的氯化物量。

$$m = \frac{25 \times C(Cl^-)}{V_1 - V_0} \tag{7-2}$$

式中：m——1.00mL硝酸银标准溶液相当于氯化物（Cl^-）的质量，mg；

V_1——消耗的硝酸银标准溶液的用量，mL；

V_0——滴定空白的硝酸银标准溶液的用量，mL。

（3）铬酸钾指示液：称取5g铬酸钾（K_2CrO_4）溶于少量蒸馏水中，滴加上述硝酸银溶液至有砖红色沉淀生成，摇匀，静置12h，然后过滤并用蒸馏水将滤液稀释至100mL。

（4）酚酞指示液：称取0.5g酚酞溶于50mL95%乙醇中，加入50mL蒸馏水，再滴加0.05mol/L氢氧化钠溶液使其呈微红色。

（5）硫酸溶液$C(1/2H_2SO_4)$：0.05mol/L。

（6）0.2%氢氧化钠溶液：称取0.2g氢氧化钠，溶于水并稀释至100mL蒸馏水中。

（7）氢氧化铝悬浮液：溶解125g硫酸铝钾（$KAl(SO_4)_2 \cdot 12H_2O$）于1L蒸馏水中，加热至60℃，然后边搅拌边缓缓加入55mL浓氨水。放置约1h后，移至大瓶中，用倾泻法反复洗涤沉淀物，直到洗出液不含氯离子为止。加水至悬浮液体积约为1L。

（8）过氧化氢（H_2O_2）：30%。

（9）高锰酸钾，$C(1/5KMnO_4)=0.01mol/L$。

（10）95%乙醇。

二、水样预处理

若无以下各种干扰，可省去。

1. 如水样浑浊及带有颜色，则取150mL水样置于250mL锥形瓶中，或取适当水样稀释至150mL，加入2mL氢氧化铝悬浮液，振荡过滤，弃去最初滤下的20mL，用干的清洁锥形瓶接取滤液备用。

2. 如果有机物含量高或色度大，可采用蒸干后灰化法预处理。

3. 水样的高锰酸盐指数超过15mg/mL，可以加入少量高锰酸钾晶体，煮沸。再滴加数滴乙醇以除去多余的高锰酸钾至水样褪色，过滤；滤液贮于锥形瓶中备用。

4. 如果水样中含有硫化物、亚硫酸盐或硫代硫酸盐，则加氢氧化钠溶液将水样调至中性或弱碱性，加入1mL30%过氧化氢，摇匀。一分钟后加热至70～80℃，以除去过量的过氧化氢。

三、水样测定

1. 用吸管吸取50mL水样或经过顶处理的水样（若氯化物含量高，可取适量水样用蒸馏水稀释至50mL），置于锥形瓶中。另取一锥形瓶加入50mL蒸馏水作空白试验。

2. 如水样pH值在6.5～10.5范围时，可直接滴定，超出此范围的水样应以酚酞作指示剂，用0.05mol/L硫酸或0.2%氢氧化钠的溶液调节至红色刚刚退去，pH为8.5左右。

3. 加入1mL铬酸钾溶液，用硝酸银标准溶液滴定至砖红色沉淀刚刚出现即为滴定终点。同时作空白滴定。

四、数据处理

氯化物含量 C（Cl^-）（mg/L）按式（7-3）计算：

$$C(Cl^-)=\frac{(V_2-V_1)\times M\times 35.45\times 1000}{V} \tag{7-3}$$

式中：V_1——蒸馏水消耗硝酸银标准溶液量体积，mL；

V_2——水样消耗硝酸银标准溶液体积，mL；

M——硝酸银标准溶液浓度，mol/L；

V——试样体积，mL。

【评价】

一、过程评价(表 7-1)

表 7-1

项目	准确性		规范性	得分	备注
	独立完成	老师帮助下完成			
氯化钠标准溶液的配制					
硝酸银标准溶液的标定					
铬酸钾指示液的配制					
水样的量取					
水样的测定					
数据处理					
综合评价：				综合得分：	

二、过程分析

1. 配制好的 $AgNO_3$溶液要贮于棕色瓶中，并置于暗处，为什么？
2. 空白测定有何意义？K_2CrO_4溶液的浓度大小或用量多少对测定结果有何影响？
3. 能否用莫尔法以 NaCl 标准溶液直接滴定 Ag^+？为什么？
4. 含银废液应予以回收，且不能随意倒入水槽。

【知识链接】

饮用水中氯化物的味觉阈取决于共存阳离子的种类。NaCl、KCl、$CaCl_2$ 味觉阈分别是 210、310、222mg/L，如果用 NaCl 含量为 400mg/L 或 $CaCl_2$ 含量为 530mg/L 的水冲泡咖啡，会觉得口感不佳。若饮用水中氯离子含量达到 250mg/L，相应的阳离子是钠时，会感觉到咸味。过高浓度的氯化物会损害金属管道，对设备和构筑物都有腐蚀作用，会增加输配水系统中金属腐蚀的速率，导致供水中金属浓度的增加。还会妨碍植物的生长，对农作物有损害。水中的 Cl^- 与 Ca^{2+}、Mg^{2+} 结合构成永久硬度，因此测定水中 Cl^- 的含量是评价水质的标准之一。我国《生活饮用水卫生标准》GB5749—2006 中将氯化物的限值定位 250mg/L。

【思考题】

1. 沉淀滴定对沉淀反应有哪些要求？

2. 为什么实际工作中沉淀滴定法应用较少？

3. 指示剂用量的过多或过少，对测定结果有何影响？

4. 为什么不能在酸性介质中进行？pH 过高对测定结果有何影响？

5. 用莫尔法测定自来水中 Cl^- 含量。取 100mL 水样，用 0.1000mol/L 的 $AgNO_3$ 标准溶液滴定，消耗 $AgNO_3$ 溶液 6.15mL；另取 100mL 蒸馏水做空白试验，消耗 $AgNO_3$ 溶液 0.25mL，求自来水中 Cl^- 的含量（用 mg/L 表示）。

任务 7.2　离子色谱法测定水中可溶性氯化物

【任务描述】

硝酸银滴定法的操作步骤以及所采用的仪器设备都比较简单，但是在大批量样品的测定时，耗时较多。随着高性能离子色谱柱的开发，离子色谱法可用于生活饮用水中氯离子的分析，具有简单、快速和灵敏度高等优点，是其他方法无法比拟的。通过这个任务的学习，帮助我们了解离子色谱法分析的基本原理及其操作方法，掌握离子色谱法的定性和定量分析方法，初步掌握离子色谱仪的构造和使用。

【学习支持】

1903 年俄国植物学家茨维特研究植物叶子的色素成分时，将植物叶子的萃取物倒入填有碳酸钙的直立玻璃柱内，加入石油醚使其自由流下，结果色素中各组分互相分离形成各种不同颜色的谱带，由此而得名。

色谱法又称色层法或层析法，是一种利用组分在两相间分配系数不同而进行分离的物理化学分析方法，它是水环境监测中应用最广泛也是最有成效的方法之一，绝大多数多组分混合复杂体系的分析监测都离不开色谱法。

一、色谱法分类

1. 色谱系统组成：

色谱柱：装有固定相的管子（玻璃管或不锈钢管）；

固定相：填入玻璃管或不锈钢管内静止不动的固体或液体；

流动相：通过色谱柱流动的气体或液体。

当流动相中样品混合物经过固定相时，就会与固定相发生作用，由于各组分在性质和结构上的差异，与固定相相互作用的类型、强弱也有差异，因此在同一推动力的作用下，不同组分在固定相滞留时间长短不同，从而按先后不同的次序从固定相中流出。

2. 色谱分类

(1) 按流动相和固定相的物理状态分类

按流动相分为气相色谱法 (GC) 和液相色谱法 (LC)。固定相可以是固体或者涂渍在固体载体表面上的液体。气相色谱又可分为气-固色谱法 (GSC) 和气-液色谱法 (GLC), 气液色谱的固定相是附着在惰性载体上的一薄层有机化合物液体。液相色谱法又分为液-固色谱法 (LSC) 和液-液色谱法 (LLC)。

(2) 按分离机理分类 (固定相与组分之间的作用力)

利用组分在固定相上的吸附能力强弱不同而分离的方法, 称为吸附色谱法。利用组分在液态固定相中溶解度不同而达到分离的方法称为分配色谱法。利用组分在离子交换剂固定相上的亲和力大小不同而达到分离的方法, 称为离子交换色谱法。利用大小不同的分子在多孔固定相中的选择渗透而达到分离的方法, 称为凝胶色谱法或空间排阻色谱法。

二、色谱法特点

(1) 分离效率高, 柱效可达数十万理论塔板数;

(2) 分析速度快, 几分钟到几十分钟就可以进行一次复杂样品的分离和分析;

(3) 灵敏度高, 可测定 10^{-12}g 微量组分;

(4) 样品用量少, 用毫克、微克级样品即可完成一次分离和测定。

三、色谱流出曲线及有关术语

试样中经分离后的各组分依次进入检测器, 各组分在两相间进行反复多次的吸附—脱附 (溶解) 一挥发过程, 各组分性质不同, 在固定相中吸附或溶解能力不同, 流出色谱柱的先后顺序则不同。难吸附、溶解度小的组分, 在色谱柱中停留时间短, 先流出色谱柱, 易吸附、溶解度大的组分, 在色谱柱中停留时间长, 后流出色谱柱。检测器将各组分的浓度 (或质量) 的变化转化为电压 (或电流) 信号, 记录仪描绘出所得信号随时间的变化曲线, 称为色谱流出曲线, 即色谱图。图 7-1 为单组分的色谱流出曲线。色谱流出曲线趋近于正态分布曲线, 它是色谱中定性、定量分析的主要依据。曲线中有关术语介绍如下:

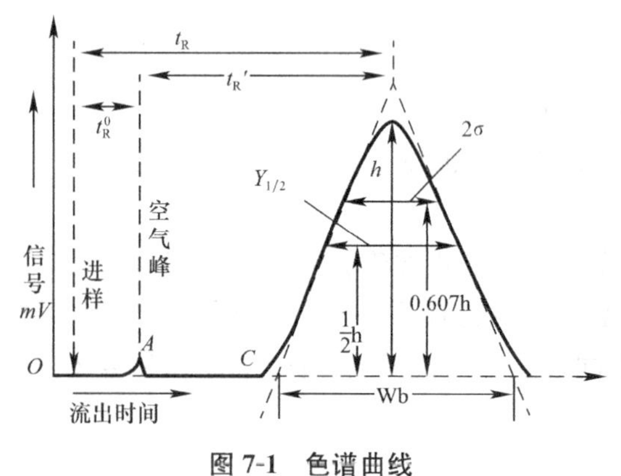

图 7-1 色谱曲线

1. 基线

当单纯载气通过检测器时, 响应信号的记录值 OC 称为基线, 稳定的基线应该是一条水平直线。

2. 峰高 h

色谱峰顶点与基线之间的垂直距离。

3. 保留值

表示试样组分在色谱柱内停留的情况, 保留值可以用时间或相应的载气体积表示。

（1）死时间 t_R^0

不被固定相吸附或溶解的组分（如空气），从进样到出现空气峰极大值所需的时间，如图 7-1 中 OA。

（2）保留时间 t_R

组分从进样到柱后出现色谱峰最大值时所需时间。可用时间单位（如 min 或 s）或长度单位（如 cm）表示。

（3）调整保留时间 t_R'

组分的保留时间扣除死时间后的，称为该组分的调整保留时间。

（4）死体积 V_R^0

色谱柱内固定相颗粒间所剩余的空间间隙体积，实际测定时包括色谱仪中管路和连接头间的空间以及进样系统、检测系统等空间的总和。它和死时间的关系为：$V_R^0=t_R^0F_0$，式中 F_0 为色谱柱出口的载气体积流速（$mL \cdot min^{-1}$）。

（5）保留体积 V_R

指从进样到色谱峰出现最大值时所通过的载气体积，即 $V_R=t_RF_0$。

（6）调整保留体积 V_R'

表示扣除死体积后的保留体积，即 $V_R'=V_R-V_R^0$

（7）相对保留值 r_{21}

指组分 2 与组分 1 的调整保留值之比。$r_{21}=\frac{t'_{R2}}{t'_{R1}}=\frac{V'_{R2}}{V'_{R1}}$

相对保留值只与组分性质、柱温、固定相性质有关，而与其他操作条件无关，它表示色谱柱对两种组分的选择性，是气相色谱定性的重要依据。

4. 区域宽度

区域宽度即色谱峰宽度，色谱峰越窄越尖，峰形越好。通常用下列三种方法之一表示：

（1）标准偏差 σ　即 0.607 倍峰高处色谱峰宽度的一半。

（2）半峰宽 $Y_{1/2}$　峰高 h 一半处的宽度。它与标准偏差 σ 的关系是：

$$Y_{1/2}=2\sigma\sqrt{2\ln 2}=2.355\sigma$$

（3）峰底宽度 W_b　由色谱峰两边的拐点作切线，与基线交点间的距离，它与标准偏差 σ 的关系是：$W_b=4\sigma$

5. 分配系数 K

设 C_s 为组分在固定相中的浓度，C_m 为组分在流动相中的浓度，则在每次分配过程达到平衡时都应满足下列关系：$K=C_s/C_m$。

6. 色谱流出曲线信息

色谱流出曲线是定性、定量色谱分析的主要依据，从色谱流出曲线上至少可以得到的信息是：

（1）由色谱峰的个数可判断试样中所含组分的最少个数；

（2）由色谱峰的保留值（或位置）进行定性分析，由色谱峰下的面积或峰高进行定量分析；

（3）由色谱峰的保留值及区域宽度可以评价色谱柱分离效能；

(4) 由色谱峰两峰间的距离评价固定相（或流动相）选择的是否合适。

色谱分析的目的是将样品中各组分彼此分离，组分要达到完全分离，两峰间的距离必须足够远，两峰间的距离是由组分在两相间的分配系数决定的。两峰间虽有一定距离，如果每个峰都很宽，以致彼此重叠，还是不能分开。这些峰的宽或窄是由组分在色谱柱中传质和扩散行为决定的，用分配比表示，它与组分在两相间的传质扩散速率大小有关。

四、气相色谱法

气相色谱法是利用气体作为流动相的一种色谱法。在此法中，载气（是不与被测物作用，用来载送试样的惰性气体，如氢、氮等）载着欲分离的试样通过色谱柱中的固定相，利用物质在流动相与固定相中分配系数的差异，当两项作相对运动时，被测样品组分在两相之间进行反复多次分配，各组分的分配系数纵然只有微小的差异，但是随着流动相（气体）的移动也会产生差距，最后被测样品组分可得到分离，并被测定。气相色谱仪基本组成单元如图 7-2 所示。

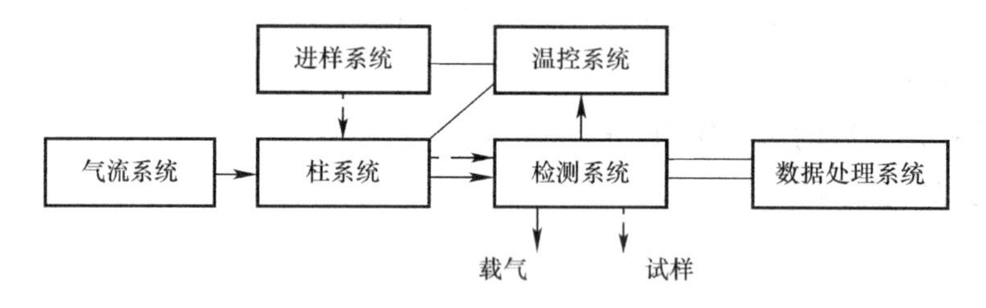

图 7-2　气相色谱仪基本组成单元

随着气相色谱法的分离、分析技术的不断完善和发展，它已成为石油、化工、医药、食品、生物化学、环境保护等行业不可缺少的分析手段。其特点如下：

(1) 分离效能高　可分离性质非常接近的同分异构体、立体异构件等物质。如分析石油馏分中几十个到上百个组分。

(2) 灵敏度高　可以检测 $10^{-11} \sim 10^{-12}$g 物质。如环境中农药残留物的分析，大气污染物的分析，以及农副产品、食品、水质中的卤素、硫、磷等含量的测定。

(3) 分析速度快，应用范围广，在柱温条件下能气化的有机试样、无机试样都可进行分离与测定。

当然普通的气相色谱法存在一些不足之处。对于沸点高于 450℃的难挥发物质或对热不稳定的物质，不能用气相色谱法测定；运用气相色谱法讲行未知物定性时，必须有待测组分的纯品或相应的色谱定性数据，否则难于从色谱峰得出定性结果。近年来通过化学反应、热降解等途径将一些难挥发物质适当转化为能进行气相色谱分析的物质；通过运用色谱一质谱（GC—MS）、色谱一红外光谱（GC—IR）的联用技术，增强了气相色谱的定性能力，因此气相色谱的应用范围正在逐渐扩大。

五、高效液相色谱法

高效液相色谱法简称 HPLC，是 20 世纪 60 年代后期才发展起来的一种新颖、快速的分离分析技术。由于液相色谱不受试样挥发度和热稳定性的限制，非常适合于分离生物

大分子、离子型化合物、不稳定的天然产物以及其他各种高分子化合物等。通常沸点在450℃以下，摩尔质量小于450g·mol^{-1}的有机物可用气相色谱分析，这些物质约占有机物总数的15%～20%，而其余的80%～85%则需采用高效液相色谱法。

20世纪70年代发明的离子色谱法，是高效液相色谱的一个分支，它保留了高效液相色谱的特点，同时采用抑制柱、电导检测，用$Na_2CO_3-NaHCO_3$等作为淋洗剂，以独特的方法测定环境试样中的阴离子。近年来又得到迅速发展，不仅测定阴离子，而且可测定金属阳离子，例如在14min内可将镧系元素逐个分离，是其他方法望尘莫及的。

液相色谱仪多种多样，但其主要结构基本相同，高效液相色谱仪分为：高压输液系统、进样系统、分离系统和检测系统四个部分。其中高压输液泵是高效液相色谱仪的主要部件之一，一般高压泵要求压力达到1.52×10^4～3.04×10^4kPa，压力平稳无脉动，流量稳定，能耐溶剂腐蚀。

高效液相色谱法的柱效可达每米5000～8000块塔板。使用的检测器主要有紫外光度、差示折光、荧光和电化学检测器等。现代仪器还配备有梯度淋洗、自动进样等装置，使用微机处理数据和自动打印图谱。目前液相色谱主要应用于环境化学、食品化学、生物化学、临床医学和药物化学等领域。

【任务实施】

一、任务目的

掌握离子色谱的分离、检测原理，并测定水样中的常见阴离子：Cl^-。

二、工作原理

离子色谱仪的工作原理如图7-3所示。

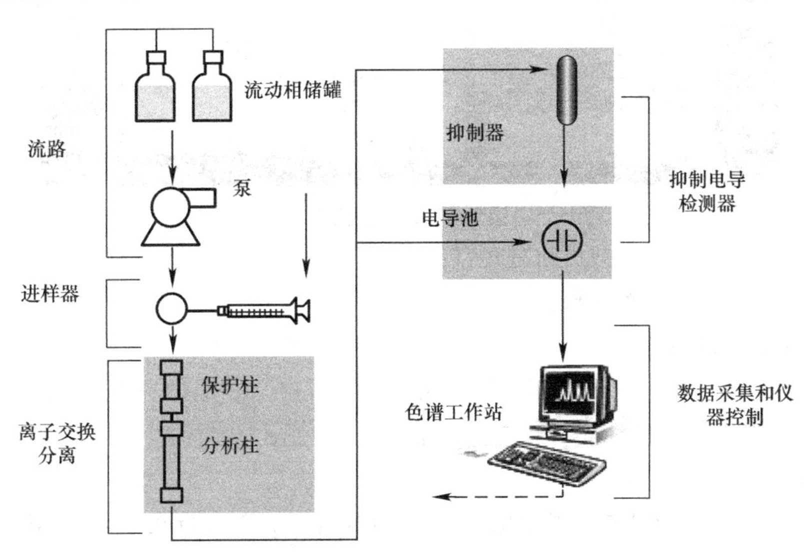

图7-3　离子色谱仪的工作流程

给料系统由气动阀门控制，试样进入色谱分离柱。分离系统是填充离子交换树脂的分离柱，这是离子色谱的关键部分，在柱内，待测阴离子在 HCO_3^-（对阴离子交换一般采用碳酸盐-碳酸氢盐溶液为洗提剂）洗提液的携带下，在树脂上发生下列交换反应：

$$X^- + HCO_3^- N^+ R - 树脂 \rightleftharpoons XN^+ R - 树脂 + HCO_3^-$$

式中：X^- 为待测的溶质阴离子，它与树脂的作用力大小取决于自身的半径大小，电荷的多少及形变能力有关。因此，不同的离子被洗提的难易程度不同，一般阴离子洗提的顺序为：F^-、Cl^-、NO_2^-、Br^-、NO_3^-、HPO_4^{2-}、SO_4^{2-}。

被分开的阴离子再流经强酸型阳离子交换树脂（抑制室），被转换为高电导的酸型，碳酸盐-碳酸氢盐则转变为弱电导的碳酸，用电导检测器测量被转变为相应酸型的阴离子，与标准进行比较，根据保留时间定性，峰高或峰面积定量。一次进样可连续测定六种无机阴离子：F^-、Cl^-、NO_2^-、NO_3^-、HPO_4^{2-} 和 SO_4^{2-}。

三、仪器与试剂

1. 仪器

（1）离子色谱仪（具电导检测器）。

（2）色谱柱：阴离子分离柱和阴离子保护柱。

（3）微膜抑制器或抑制柱。

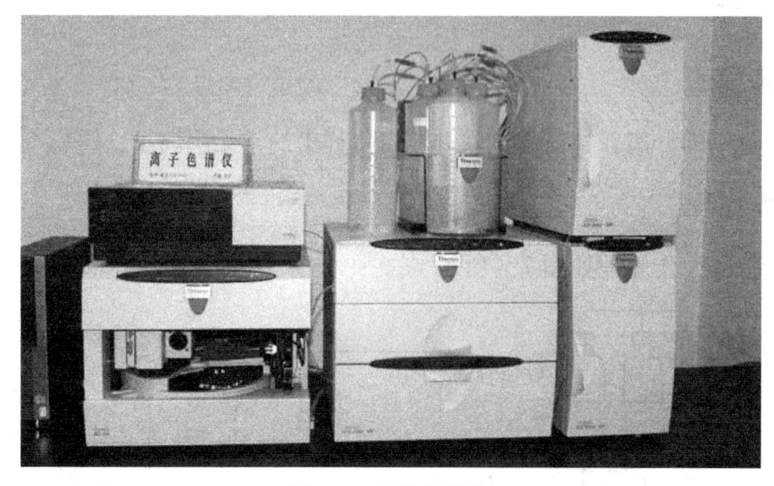

图 7-4　离子色谱仪

（4）记录仪、积分仪（或微机处理系统）。

（5）淋洗液或再生液贮存罐。

（6）微孔滤膜过滤器。

（7）预处理柱：预处理柱管内径 6mm，长 90mm。上层填充吸附树脂（约 30mm 高），下层填充阳离子交换树脂（约 50mm 高）。

2. 试剂

实验用水均为电导率小于 0.5μS/cm 的二次去离子水，并经过 0.45μm 微孔滤膜过滤。

（1）淋洗液：

① 淋洗贮备液：碳酸钠（0.18mol/L）、碳酸氢钠（0.17mol/L）。

② 淋洗使用液：碳酸钠（0.0018mol/L）、碳酸氢钠（0.0017mol/L）。

(2) 再生液 $C(1/2H_2SO_4)=0.05mol/L$。

(3) 氯离子标准贮备液 $C(Cl^-)=1000.0mg/L$。

(4) 吸附树脂：50～100 目。

(5) 阳离子交换树脂：100～200 目。

(6) 弱淋洗液，$C(Na_2B_4O_7)=0.005mol/L$。

四、样品的采集与保存

1. 水样采集后应经 0.45μm 微孔滤膜过滤，保存于清洁的玻璃瓶或聚乙烯瓶中。

2. 水样采集后应尽快分析，否则应在 4℃下存放，不得超过 48h，一般不加保存剂。

五、测定步骤

1. 色谱条件

(1) 淋洗液浓度：碳酸钠 0.0018mol/L-碳酸氢钠 0.0017mol/L。

(2) 再生液流速：根据淋洗液流速来确定，使背景电导达到最小值。

(3) 电导检测器：根据样品浓度选择量程。

(4) 进样量：25μl 淋洗液流速：1.0～2.0ml/min。

2. 标准曲线的制备

根据样品浓度选择标准使用液，配制 5 个浓度水平，测定其峰高或峰面积，以峰高或峰面积为纵坐标，以离子浓度（mg/L）为横坐标，用最小二乘法计算标准曲线的回归方程，或绘制工作曲线。

3. 水样测定

将经 0.45mm 的微孔滤膜过滤的水样注入离子色谱仪中，根据保留时间定性，用峰面积或峰高定量。

六、实验结果计算

$$\text{阴离子（mg/L）}=\frac{h_{水样}\times C_{标}}{h_{标}}$$

式中：$h_{水样}$——试样中相应待测离子产生的峰高，mm；

$h_{标}$——标准溶液中相应离子产生的峰高，mm；

$C_{标}$——标准溶液中相应离子的浓度，mg/L。

【评价】

过程评价（表 7-2）

表 7-2

项目	准确性		规范性	得分	备注
	独立完成	老师帮助下完成			
淋洗液的配制					
氯离子标准贮备液的配制					
标准曲线的制备					

续表

项目	准确性		规范性	得分	备注
	独立完成	老师帮助下完成			
样品预处理柱的制备					
水样的采集与保存					
水样的测定					
处理柱的再生					
数据处理					
综合评价：				综合得分：	

【知识链接】

我国《生活饮用水卫生标准》GB5749—2006对生活饮用水水质标准及检验项目有明确规定，生活饮用水中的氟化物（F^-）、氯化物（Cl^-）、硝酸盐（NO_3^-）和硫酸盐（SO_4^{2-}）含量是判断水质是否合格的重要指标，国标检验方法对F^-、Cl^-、NO_3^-、SO_4^{2-}阴离子的测定，分别使用电极法、滴定法和分光光度法，操作步骤多，尤其是在大批样品测定时，耗时较多。随着高性能离子色谱柱的开发，离子色谱法可用于生活饮用水中多种阴离子的同时分析，具有简单、快速和灵敏度高等优点，是光度法等其他方法无法比拟的。离子色谱法可以一次进样连续测定7种无机阴离子F^-、Cl^-、NO_3^-、Br^-、NO_2^-、SO_4^{2-}、HPO_4^{2-}。右图7-5所示为一次进样连续测定七种无机阴离子的离子色谱谱图。

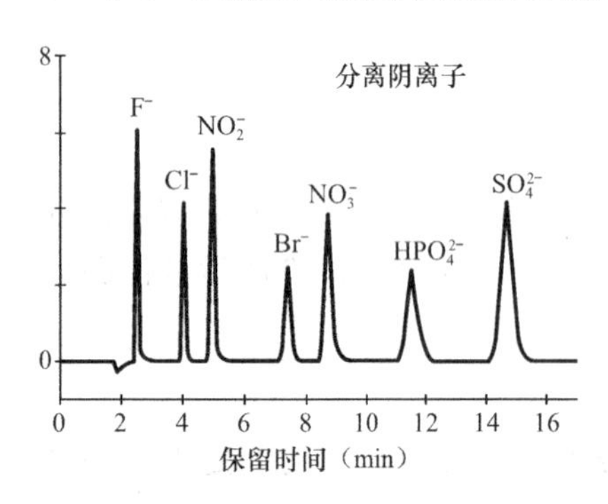

图7-5　离子色谱谱图

【思考题】

1. 色谱只能分析有色的物质吗？
2. 色谱方法主要用于定性分析还是定量分析？
3. 简述离子色谱法的工作原理？
4. 什么是淋洗液？在离子色谱中起到什么作用？
5. 电导检测器为什么可用作离子色谱分析的检测器？

项目8 水中生化需氧量的测定

【项目概述】

当水体受到工业废水与生活污水污染后，在水体微生物的分解作用下会消耗大量的溶解氧，减少水中的氧，破坏水体中氧的平衡，水体会发臭，水中各类水生生物会死亡，因此生化需氧量的测定具有非常重要的意义，它代表了可生物降解的有机物数量。使我们了解被检测水体的有机污染程度，判定水体质量；还可帮助我们了解污水的可生化降解性，从而选择污水的处理工艺。那如何来测定水中生化需氧量呢？这就是我们要学习的。

任务8.1 碘量法测定水中溶解氧

【任务描述】

目前水中溶解氧的测定方法有多种，如膜电极法、碘量法、现场快速溶解氧仪法等。碘量法因其方法易于操作、成本低等特点而被广泛应用，适用于溶解氧浓度在0.2～20mg/L，干扰物较少的情况，但是当水体存在氧化还原物质（尤其是工业、矿山污水）时该方法的准确度较差。通过本任务的学习，我们要掌握碘量法测定溶解氧的方法。

【学习支持】

溶解氧（DO）是指溶解于水中的氧的含量，它以每升水中氧气的毫克数表示。溶解氧与空气中的氧分压、大气压、水温有关，其中水温为主要影响因素。当水体受到还原性物质污染时，溶解氧即下降，而有藻类繁殖时，溶解氧呈过饱和。

碘量法是以氧化还原反应为基础的滴定分析方法，学习碘量法之前，同学们要先掌握氧化还原滴定法的基本原理。

一、氧化还原反应平衡

1. 氧化还原反应和电极电位

氧化还原反应的实质是电子的转移，接受电子倾向越大的物质是强的氧化剂；给出电子倾向越大的物质是强的还原剂。

氧化还原反应可由下列平衡式表示：

$$Ox_1 + Red_2 \rightleftharpoons Red_1 + Ox_2$$

上式 Ox 表示某一氧化还原电对的氧化态，Red 表示其还原态，它们的氧化还原半反应可表示为：

$$Ox + ne \rightleftharpoons Red$$

式中 n——电子转移数。

衡量氧化剂或还原剂接受（给出）电子倾向的大小——电极电位，可通过理论计算和实测获得。首先可以人为地定一个相对标准来测定它的相对值，就像我们将海平面的高度定为零，以它为基准测定各山峰的高度一样。用来测定电极电势的相对标准就是标准氢电极。

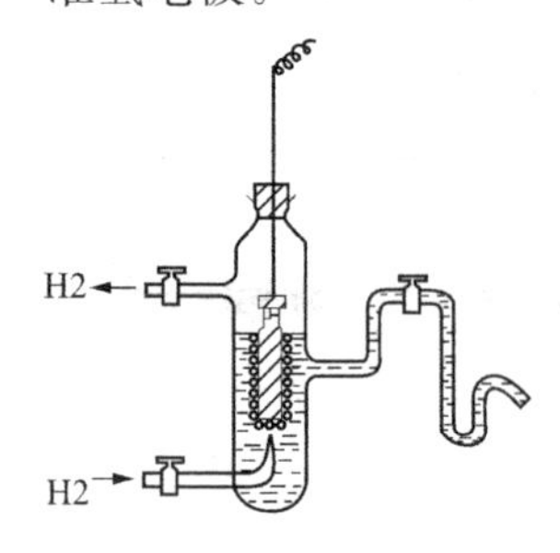

图 8-1 标准氢电极

标准氢电极如图 8-1 所示：将镀有铂黑的铂片置于氢离子浓度为 1mol/L 的酸溶液中，不断通入压力为 100kPa 的氢气流，使铂黑电极上吸附的氢气达到饱和。吸附在铂黑上的 H_2 与溶液中的 H^+ 建立了如下平衡：

$$2H^+(aq) + 2e \rightleftharpoons H_2(g)$$

这就是氢电极的电极反应。这个氢电极可表示为：$Pt|H_2(g)|H^+$。国际上规定，标准氢电极的电极电势为零，即 $\varphi^\theta(H^+/H_2)=0V$。

2. 标准电极电势及其测定

用标准氢电极与其他电极组成原电池，测得该原电池的电动势就可以计算各种电极的电极电势。如果参加电极反应的物质均处在标准态，这时的电极称为标准电极，对应的电极电势，用 φ^θ 表示。标准态是指组成电极的离子其浓度都为 1mol/L，气体的分压为 100kPa，液体和固体都是纯净物质。温度可以任意指定，但通常为 298K。如果组成原电池的两个电极均为标准电极，这时的电池称为标准电池，对应的电动势用 E^θ 表示。

$$E^\theta = \varphi^\theta(+) - \varphi^\theta(-)$$

例如，当测锌电极的标准电极电势时，组成下列原电池：

$$(-)Zn \mid Zn^{2+}(1mol/L) \mid\mid H^+(1mol/L) \mid H_2(100kPa), Pt(+)$$

实验测得该原电池的电动势为 0.7618V，电流方向是从氢电极流向锌电极，所以锌电极为负极。

$$E^\theta = \varphi^\theta(H^+/H_2) - \varphi^\theta(Zn^{2+}/Zn) = 0.7618V$$

所以 $$\varphi^\theta(Zn^{2+}/Zn) = 0V - 0.7618V = -0.7618V$$

用类似的方法可以测得一系列电对的标准电极电势。

对于可逆的氧化还原半反应，其电对的电极电位可用能斯特（Nernst）方程式计算。

$$\varphi = \varphi^{\theta} + \frac{RT}{nF}\ln\frac{\alpha_{Ox}}{\alpha_{Red}} \quad (8\text{-}1)$$

式中：φ——电对的电极电位；

φ^{θ}——电对的标准电极电位；

R——气体常数，8.314J/（mol·K）；

T——绝对温度（K）；

F——法拉第常数，96487C/mol；

n——半反应中电子转移数。

将有关常数代入式（8-1），并取常数，则 25℃时：

$$\varphi = \varphi^{\theta} + \frac{0.059}{n}\ln\frac{\alpha_{Ox}}{\alpha_{Red}} \quad (8\text{-}2)$$

实际工作中溶液中离子强度，H^+ 或 OH^- 参与半反应，能与电对氧化态或还原态生成络合物或难溶物质等外界因素的影响，则：

$$\varphi = \varphi^{\theta'} + \frac{0.059}{n}\ln\frac{C_{Ox}}{C_{Red}} \quad (8\text{-}3)$$

式中 $\varphi^{\theta'}$ 称为条件电极电位，如果忽略离子强度的影响时可用氧化态或还原态浓度表示。

应用能斯特方程式时，应注意组成电对的物质为固体或纯液体时，浓度可视为 1mol/L；如果是气体，则气体物质用相对压力 p/p^{θ} 表示；如果氧化态、还原态的系数不等于 1，以它们的系数为浓度次方代入；在电极反应中，除氧化态、还原态物质外，若有参加电极反应的其他物质如 H^+、OH^- 存在，这些物质的浓度也要表示在能斯特方程式中。

二、氧化还原反应速度的影响因素

反应能否进行不仅与两电对条件电位之差（φ^{θ}）有关，还取决于反应速度，影响反应速度的因素：

1. 氧化剂和还原剂的性质：氧化剂与还原剂的电子层结构与化学键、电极电位（差值越大越快）、反应历程（控制步骤）等因素影响反应速度。

2. 浓度的影响：反应物浓度增加，反应速率增大。

3. 温度的影响：温度每增高 10℃，反应速率增大 2～3 倍。

4. 催化剂的作用：催化剂的使用能显著改变反应的速度。催化剂的作用主要在于改变反应历程，或降低原来反应的活化能。

5. 诱导作用：在氧化还原反应中，一种反应的进行，能够诱发和促进另一种反应的现象，称为诱导作用。例如，$KMnO_4$ 氧化 Cl^- 的速度极慢，但是当溶液中同时存在 Fe^{2+} 时，由于 MnO_4^- 与 Fe^{2+} 的反应可以加速 MnO_4^- 和 Cl^- 的反应，这里 MnO_4^- 与 Fe^{2+} 的反应称诱导反应，而 MnO_4^- 和 Cl^- 的反应称受诱反应：$MnO_4^- + 5Fe^{2+} + 8H^+ \rightarrow Mn^{2+} + 5Fe^{3+} + 4H_2O$（诱导反应），$2MnO_4^- + 10Cl^- + 16H^+ \rightarrow 2Mn^{2+} + 5Cl_2\uparrow + 8H_2O$（受诱反应）。

三、氧化还原滴定法

氧化还原滴定法可以用氧化剂作滴定剂，也可用还原剂作滴定剂，也可以用来测定不具有氧化性或还原性的物质，所以应用范围较为广泛。但是氧化还原反应的机理较复杂，副反应较多，氧化还原反应速率一般较慢，受到介质的影响也比较大。

1. 氧化还原滴定曲线

在氧化还原滴定过程中，随着标准溶液的不断加入，溶液中反应物和生成物的浓度不断改变，氧化还原电对的电极电位也不断发生变化。电极电位随标准溶液变化情况可以用一曲线来表示，这一曲线即氧化还原滴定曲线。以在 1.0mol/LH_2SO_4 溶液中，用 0.1000mol/L$Ce(SO_4)_2$ 标准溶液滴定 20.00mL0.1000mol/L$FeSO_4$ 溶液为例。

滴定反应为：

$$Ce^{4+}+Fe^{2+}\rightleftharpoons Ce^{3+}+Fe^{3+}$$

在滴定体系中，1.0mol/LH_2SO_4 溶液中，两电对的条件电极电位为：

$$\varphi^{\theta'}(Fe^{3+}/Fe^{2+})=0.68V \quad \varphi^{\theta}(Ce^{4+}/Ce^{3+})=1.44V$$

（1）未滴定前　溶液中只有 Fe^{2+}，$[Fe^{3+}]/[Fe^{2+}]$ 未知，因此无法利用能斯特方程式计算。

（2）化学计量点前　溶液中存在两个电对，根据能斯特方程式，两个电对电极电位分别为：

$$\varphi(Fe^{3+}/Fe^{2+})=\varphi^{\theta'}(Fe^{3+}/Fe^{2+})+0.0592\lg\frac{[Fe^{3+}]}{[Fe^{2+}]} \tag{8-4}$$

$$\varphi(Ce^{4+}/Ce^{3+})=\varphi^{\theta'}(Ce^{4+}/Ce^{3+})+0.0592\lg\frac{[Ce^{4+}]}{[Ce^{3+}]} \tag{8-5}$$

因为加入的 Ce^{4+} 几乎全部被 Fe^{2+} 还原为 Ce^{3+}，到达平衡时 Ce^{4+} 浓度很小，电极电位值不易求得，可用（8-5）式计算出电位的变化。当 $[Fe^{3+}]/[Fe^{2+}]$ 剩余 0.1%时：

$$\varphi=\varphi^{\theta'}(Fe^{3+}/Fe^{2+})+0.0592\lg\frac{[Fe^{3+}]}{[Fe^{2+}]}=0.68+0.0592\lg 99.9/0.1=0.86(V)$$

（3）化学计量点后　Fe^{2+} 几乎全部被 Ce^{4+} 氧化为 Fe^{3+}，Fe^{2+} 浓度很小，不易求得，因此加入了过量的 Ce^{4+}，因此可利用 Ce^{4+}/Ce^{3+} 电对来计算。当 Ce^{4+} 过量 0.1%时：

$$\varphi=\varphi^{\theta'}(Ce^{4+}/Ce^{3+})+0.0592\lg\frac{[Ce^{4+}]}{[Ce^{3+}]}=1.44+0.059\lg\frac{0.1}{100}=1.26(V)$$

（4）化学计量点　Ce^{4+} 和 Fe^{2+} 分别定量地转变为 Ce^{3+} 和 Fe^{3+}，未反应的 Ce^{4+} 和 Fe^{2+} 浓度很小，不能求得，根据化学计量点时两电对的电位相等，可根据式（8-7）求得：

$$\varphi_{sp}=\frac{\varphi^{\theta'}(Fe^{3+}/Fe^{2+})+\varphi^{\theta'}(Ce^{4+}/Ce^{3+})}{2} \tag{8-6}$$

对于 $Ce(SO_4)_2$ 溶液滴定 Fe^{2+}，化学计量点时的电极电位为：

$$\varphi_{sp}=\frac{\varphi^{\theta'}(Ce^{4+}/Ce^{3+})+\varphi^{\theta'}(Fe^{3+}/Fe^{2+})}{2}=\frac{0.68+1.44}{2}=1.06(V)$$

由上面的计算可知，从化学计量点前 Fe^{2+} 剩余 0.1%到化学计量点后 Ce^{4+} 过量 0.1%，溶液的电极电位值由 0.86V 增加至 1.26V，改变了 0.4V，这个变化称为滴定电位突跃。两个电对的条件电位差越大，滴定突跃越大。对于 $n_1=n_2=1$ 的氧化还原反应，化学计量点恰好处于滴定突跃的中间，在化学计量点附近滴定曲线基本是对称的。如

图 8-2 所示。

2. 氧化还原滴定中的指示剂

（1）自身指示剂

有些滴定剂本身有很深的颜色，而滴定产物无色或颜色很浅，在这种情况下，滴定时可不必另加指示剂，例如 $KMnO_4$ 本身显紫红色，用它来滴定 Fe^{2+}、$C_2O_4^{2-}$ 溶液时，反应产物 Mn^{2+}、Fe^{3+} 颜色很浅或是无色，滴定到化学计量点后，只要 $KMnO_4$ 稍微过量就能使溶液呈现淡红色，指示滴定终点到达。

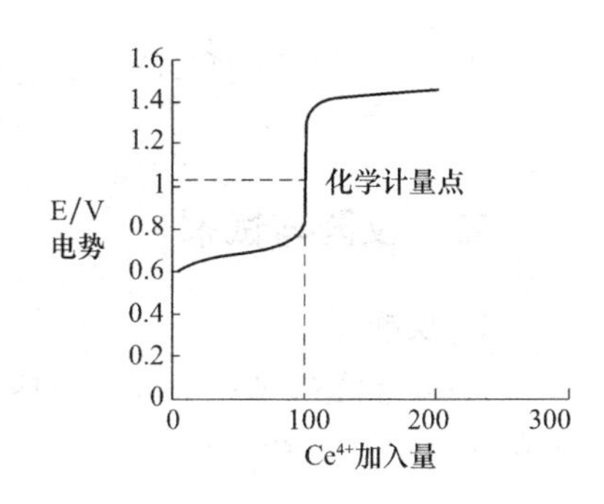

图 8-2　以 0.1000mol/LCe⁴⁺ 溶液滴定 0.1000mol/LFe²⁺ 溶液的滴定曲线

（2）特效指示剂

指示剂本身不具有氧化还原性，但能与滴定剂或被测定物质发生显色反应。这类指示剂最常用的是淀粉，如可溶性淀粉与碘溶液反应生成深蓝色的化合物，当 I_2 被还原为 I^- 时，蓝色就突然褪去。因此，在碘量法中，多用淀粉溶液作指示剂。用淀粉指示剂可以检出约 10^{-5}mol/L 的碘溶液。

（3）氧化还原指示剂

这类指示剂本身是氧化剂或还原剂，它的氧化态、还原态具有不同的颜色。在滴定过程中，指示剂由还原态转为氧化态，或由氧化态转为还原态时，溶液颜色发生变化，从而指示滴定终点。例如用 $K_2Cr_2O_7$ 滴定 Fe^{2+} 时，常用二苯胺磺酸钠为指示剂。二苯胺磺酸钠的还原态无色，当滴定至化学计量点时，稍过量的 $K_2Cr_2O_7$ 使二苯胺磺酸钠由还原态转变为氧化态，溶液显紫红色，因而指示滴定终点的到达。选择这类指示剂时，指示剂变色点的电势应当处于滴定体系的电位突跃范围内。

【任务实施】

一、实验原理

碘量法的基本反应是：

$$I_3^- + 2e \rightleftharpoons 3I^- \ (\varphi^\theta = 0.5338V, \text{在 } 0.5mol/LH_2SO_4 \text{ 中为 } \varphi^{\theta'} = 0.544V)$$

固体 I_2 在水中溶解度很小且易于挥发，通常将 I_2 溶解于 KI 溶液中，此时它以 I_3^- 配离子形式存在。从 φ^θ 值可以看出，I_2 是较弱的氧化剂，能与较强的还原剂作用，I^- 是中等强度的还原剂，能与许多氧化剂作用。生成的碘用 $Na_2S_2O_3$ 标准溶液滴定。

测定水中溶解氧时，在水中加入硫酸锰及碱性碘化钾溶液，生成氢氧化锰沉淀。此时氢氧化锰性质极不稳定，迅速与水中溶解氧化合生成碱性氧化锰。

$$MnSO_4 + 2NaOH = Mn(OH)_2 + Na_2SO_4$$

$$2Mn(OH)_2 + O_2 = 2MnO(OH)_2 \downarrow \ (\text{棕色沉淀})$$

加入浓硫酸使棕色沉淀 $MnO(OH)_2$ 与溶液中所加入的碘化钾发生反应，析出碘，溶解氧越多，析出的碘也越多，溶液的颜色也就越深。用 $Na_2S_2O_3$ 定量滴定 I_2。用淀粉做指示剂，蓝色消失为滴定终点。

$$MnO(OH)_2+2H_2SO_4+2KI \longrightarrow MnSO_4+I_2+K_2SO_4+3H_2O$$

$$I_2+2Na_2S_2O_3 \longrightarrow 2NaI+Na_2S_4O_6$$

二、仪器与试剂

1. 仪器

250～300ml 溶解氧瓶（见图 8-3）、25～50ml 酸式滴定管、量筒、搅拌器和虹吸管、250ml 锥形瓶、移液管。

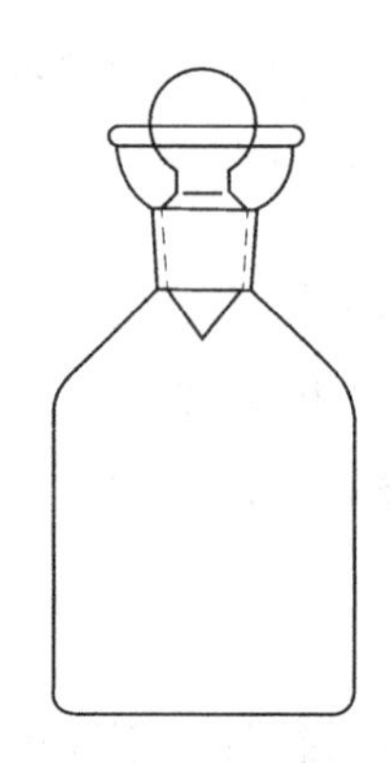

图 8-3　溶解氧瓶

2. 试剂

（1）硫酸锰溶液：称取 480g$MnSO_4 \cdot 4H_2O$ 或 364g$MnSO_4 \cdot H_2O$ 溶于水，稀释至 1000ml。此溶液加至酸化过的碘化钾溶液中，遇淀粉不得产生蓝色。

（2）碱性碘化钾溶液：称取 500g 氢氧化钠溶于 300～400ml 水中，冷却；另称取 150g 碘化钾溶于 200ml 水中；将两种溶液混合均匀，并稀释至 1000ml。如有沉淀，则放置过夜后，倾出上清液，贮于棕色瓶内，用橡皮塞塞紧，避光保存。此溶液酸化后，遇淀粉应不呈蓝色。

（3）（1+5）硫酸溶液。

（4）1%淀粉溶液：称取 1g 可溶性淀粉，用少量水调成糊状，然后加入刚煮沸的 100ml 水（也可加热 1～2min）。冷却后加入 0.1g 水杨酸或 0.4 氯化锌防腐。

（5）重铬酸钾标准溶液 $C(1/6K_2Cr_2O_7)=0.0250$mol/L：称取于 105～110℃烘干 2h 的优级纯重铬酸钾 1.2258g，溶解后转入 1000ml 容量瓶内，用水稀释至标线摇匀。

（6）硫代硫酸钠溶液：称取 3.2g$Na_2S_2O_3 \cdot 5H_2O$，溶于经煮沸冷却的水中，加入 0.2g 无水碳酸钠，稀释至 1000ml，储于棕色试剂瓶内，使用前用 0.0250mol/L 重铬酸钾标准溶液标定。标定方法如下：

在 250ml 碘量瓶中加入 100ml 蒸馏水、1g 碘化钾、10.00mL0.0250mol/L 重铬酸钾溶液和 5ml（1+5）硫酸，密塞，摇匀后置于暗处 5min 后，用待标定的硫代硫酸钠溶液滴定至淡黄色，加入 1%淀粉溶液 1.0mL，继续滴定至蓝色刚好褪去为止，记录用量。平行做 3 份，取平均值。

$$M=\frac{10.00 \times 0.0250}{V} \tag{8-7}$$

式中：M——硫代硫酸钠溶液的浓度（mol/L）；

V——滴定时消耗的硫代硫酸钠溶液的体积（ml）。

三、水样的采集

（1）用溶解氧瓶取水面下20～50cm的河水、池塘水、湖水或海水。注意不得使水样曝气或有气泡残存在采样瓶中。可用水样冲洗溶解氧瓶后，沿瓶壁直接倾注水样或用虹吸法将细管插入溶解氧瓶底部，注入水样后至溢流出瓶容积的1/3～1/2，用尖嘴塞慢慢盖上，不留气泡。

（2）在河岸边取下瓶盖，用移液管吸取1ml硫酸锰溶液、2ml碱性碘化钾溶液插入瓶内液面下，缓慢放出溶液于溶解氧瓶中。盖紧瓶塞，将瓶颠倒振摇使之充分摇匀。此时，水样中的氧被固定生成锰酸锰（$MnMnO_3$）棕色沉淀。将固定了溶解氧的水样带回化验室备用。同时记录水温和大气压力。

四、水样测定

1. 溶解氧的固定

在溶解氧瓶中盛满待测水样，用移液管插入液面以下，向瓶内加入1ml硫酸锰溶液、2ml碱性碘化钾溶液。盖好瓶塞，颠倒混合几次，静置，待棕色絮状物下降到瓶的一半时，再颠倒混合一次。一般在取样现场固定。

2. 析出碘

轻轻打开瓶塞，立即用吸管插入液面下加入2.0ml浓硫酸，小心盖好瓶塞，颠倒混合摇匀至沉淀物全部溶解后，静置暗处5min。

吸取100.0ml上述溶液于250ml锥形瓶中，用硫代硫酸钠溶液滴定至溶液呈淡黄色时，加入1ml淀粉溶液，继续滴定至蓝色刚好褪去，记录硫代硫酸钠溶液的用量。

五、数据处理

$$\text{溶解氧}(O_2, \text{mg/L}) = \frac{M \cdot V \times 8 \times 1000}{100} \tag{8-8}$$

式中：M——硫代硫酸钠溶液的浓度（mol/L）；

V——滴定时消耗硫代硫酸钠溶液的体积（ml）。

【评价】

一、过程评价（表8-1）

表8-1

项目	准确性		规范性	得分	备注
	独立完成	老师帮助下完成			
硫酸锰溶液的配制					
碱性碘化钾溶液的配制					
硫代硫酸钠溶液的标定					

续表

项目	准确性		规范性	得分	备注
	独立完成	老师帮助下完成			
淀粉指示液的配制					
水样的采集					
溶解氧的固定					
水样的测定					
数据处理					
综合评价：				综合得分：	

二、过程分析

1. 加入过量的碘化钾——防止碘的升华、增加碘的溶解度。

2. 防止光照—光能催化 I^- 被空气中的氧所氧化，也能增大 $Na_2S_2O_3$ 溶液中的细菌活性，促使 $Na_2S_2O_3$ 的分解。

3. 控制滴定前的放置时间—当氧化性物质与 KI 作用时，一般在暗处放置 5min 待反应完全后，立即用 $Na_2S_2O_3$ 进行滴定。如放置时间过长，I_2 过多挥发，增大滴定误差。

4. 硫代硫酸钠溶液的浓度随时间会有所改变，因此每次实验前应重新标定。

5. 如果水样中含有氧化性物质（如游离氯大于 0.1mg/L），应预先加入硫代硫酸钠去除。

6. 如果水样呈强酸或强碱性，应调至中性后再测定。可用什么溶液调节？

7. 将水样采集入溶解氧瓶中时，可沿什么直接倾注水样，或用什么方法将细管插到溶解氧瓶底部，注入水样至溢流出瓶容积的多少。整个过程不能曝气或有气泡残留于瓶中。为什么？

8. 当水中可能含有亚硝酸盐（含量高于 0.05mg/L）、铁离子、游离氯时，可能会对测定产生干扰，此时应采用碘量法的修正法。

【知识链接】

溶解于水中的氧称为溶解氧，以每升水中含氧（O_2）的毫克数表示。水中溶解氧的含量与大气压力、空气中氧的分压及水的温度有密切的关系。在 1.013×10^5 Pa 的大气压力下，空气中含氧气 20.9%时，氧在不同温度的淡水中的溶解度也不同，见表 8-2。

氧在不同温度的水中饱和含量表　　　　表 8-2

温度℃	溶解氧 mg/L	温度℃	溶解氧 mg/L	温度℃	溶解氧 mg/L
0	14.64	5	12.74	10	11.26
1	14.22	6	12.42	11	11.01
2	13.82	7	12.11	12	10.77
3	13.44	8	11.81	13	10.53
4	13.09	9	11.53	14	10.30

续表

温度℃	溶解氧 mg/L	温度℃	溶解氧 mg/L	温度℃	溶解氧 mg/L
15	10.08	24	8.41	33	7.18
16	9.86	25	8.25	34	7.07
17	9.66	26	8.11	35	6.95
18	9.46	27	7.96	36	6.84
19	9.27	28	7.82	37	6.73
20	9.08	29	7.69	38	6.63
21	8.90	30	7.56	39	6.53
22	8.73	31	7.43		
23	8.57	32	7.30		

如果大气压力改变，可按下式计算溶解氧的含量：

$$Cs' = Cs \times \frac{P - Pw}{101.3 - Pw}$$

式中　Pw——在选定温度下和空气接触时，水蒸气的压力（kPa）；

Cs——在 1.013×10^5 Pa 时氧的溶解度（mg/L）；

P——实际测定时的大气压力（kPa）。

氧是大气组成的主要成分之一，地面水敞露于空气中，因而清洁的地面水中所含的溶解氧常接近于饱和状态。在水中有大量藻类繁殖时，由于植物的光合作用而方出氧，有时甚至可以含有饱和的溶解氧。溶解氧是水体净化的重要因素之一，溶解氧高有利于对水体中各类污染物的降解，从而使水体较快得以净化；反之，溶解氧低，水体中污染物降解较缓慢。清洁的河流和湖泊中，溶解氧一般在 7.5mg/L 以上；当溶解氧在 3-4mg/L 时，鱼类难以生存；当溶解氧在 2mg/L 以下时，水体就会发臭。因此，溶解氧的测定对于了解水体的自净作用，有极其重要的意义。在一条流动的河水中，取不同地段的水样来测定溶解氧。可以帮助了解该水体在不同地点所进行的自净作用情况。

【思考题】

1. 影响氧化还原反应速度的因素有哪些？

2. 如何配制和保存 I_2 溶液？配制 I_2 溶液时为什么要滴加 KI？

3. 如何配制和保存 $Na_2S_2O_3$ 溶液？

4. 标定 I_2 溶液时，既可以用 $Na_2S_2O_3$ 滴定 I_2 溶液，也可以用 I_2 滴定 $Na_2S_2O_3$ 溶液，且都采用淀粉指示剂。但在两种情况下加入淀粉指示剂的时间是否相同？为什么？

5. 哪些因素影响水中溶解氧的含量？

6. 测定溶解氧的卫生学意义是什么？

7. 采集水样时，为什么要在取样现场进行溶解氧的固定？

任务 8.2 溶解氧仪的操作

【任务描述】

碘量法是一种传统的溶解氧测量方法，测量准确度高。其主要适用于水源水，地面水等清洁水，但不适用于检测受污染的地面水和工业废水。如果水样色度高、存在易氧化的有机物，如丹宁酸、腐殖酸和木质素以及可氧化的硫的化合物等物质都会对测定产生干扰。我国目前对水质检验的常规程序是取样后拿到化验室检验分析，中间的工作环节复杂，导致检测时间长，不能及时得到水质情况。此外碘量法是一种纯化学检测方法，耗时长，程序烦琐，无法满足在线测量的要求。溶解氧检测仪则避免了上述缺点，它具有携带方便，监测迅速的优点，在实际工作中运用日益广泛。通过本任务的学习，我们要掌握溶解氧仪的操作规程及日常维护工作。

【学习支持】

常见的溶解氧测定仪多采用隔膜电极作换能器，将溶氧浓度（实际上是氧分压）转换成电信号，再经放大、调整（包括盐度、温度补偿），由模数转换显示。

测定溶解氧的电极由一个附有感应器的薄膜和一个温度测量及补偿的内置热敏电阻组成。电极的可渗透薄膜为选择性薄膜，它把待测水样和感应器隔开，水和可溶性物质不能透过，只允许氧气通过。当给感应器供应电压时，氧气穿过薄膜发生还原反应，产生微弱的扩散电流，通过测量电流值可测定溶解氧的浓度。如图 8-4～图 8-6 所示。

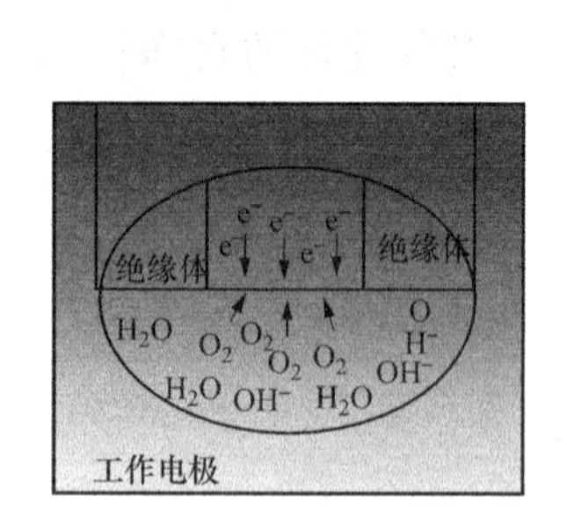

图 8-4 工作电极的电化学反应

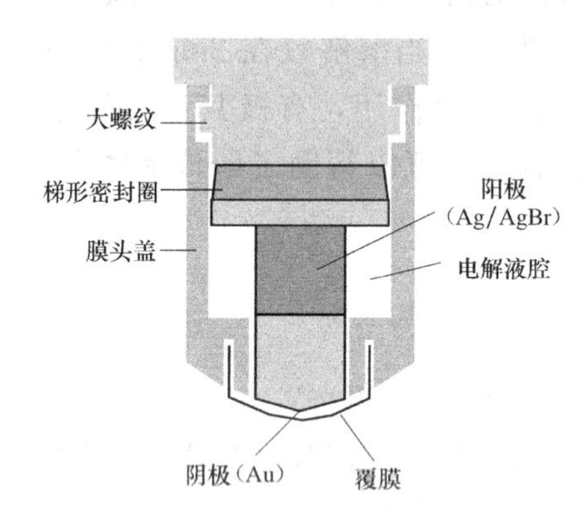

图 8-5 感应器薄膜的结构

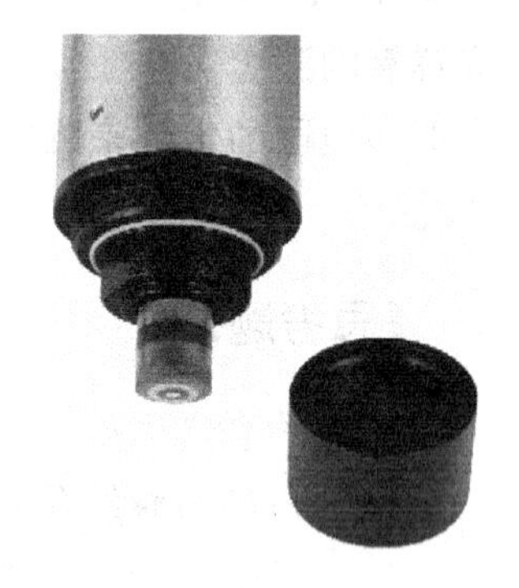

图 8-6 感应器

工作电极的电化学反应（以极谱型电极为例）：

阴极被还原：

$$O_2+2H_2O+4e \longrightarrow 4OH^-$$

同时，阳极被氧化：

$$4Cl^-(Br^-)+4Ag-4e \longrightarrow 4AgCl\ (AgBr)$$

在正常情况下，上述还原-氧化反应产生的扩散电流值与溶氧浓度成正比。只要测得扩散电流值，即可测得溶解氧浓度。为消除温度、盐度和气压因素影响，各型号产品采用各自技术进行补偿。

【任务实施】

一、仪器

便携式溶解氧仪。

二、水样测定

1. 电极准备

所有新购买的溶解氧探头都是干燥的，使用之前必须加入电极填充液，再与仪器连接。连接步骤如下：

（1）按仪器说明书装配电极；

（2）在电极中加入电极填充液；

（3）将薄膜轻轻旋到电极上；

（4）用指尖轻击电极的边缘，确保电极内无气泡，为避免损坏薄膜，不要直接拍击薄膜的底部；

（5）确保橡胶O形环准确地位于膜盖内；

（6）将感应器面朝下，顺时针方向旋拧膜盖，一些电解液将会溢出。

当不使用时，套上随机提供的薄膜保护盖。

2. 电极极化校准

电极在处于大约800mV固定电压的强度下极化，电极极化时，要盖上白色塑料保护盖（在校准和测量时去掉）。电极极化对测量结果的重现性是很重要的，随着电极被适当地极化，通过感应器膜的氧气将溶解于电极中的电解液不断地被消耗。如果中断极化过程，电解质中的氧会不断增加，直到与外部溶液中的溶解氧达到平衡，测量值将是外部溶液和电解质的溶质中溶解氧之和。

（1）按开关键ON/OFF，打开仪器；

（2）字母“COND”出现在显示屏上；表示电极进行自动极化；

（3）等待20min，确保电极达到稳定，显示屏显示“100%”和“SAMPLE”时，表示极化校准已完成；当电极、薄膜或电解液发生变化时，一定要重新进行极化校准；

（4）在极化校准过程中，要退出校准模式，再次按下CAL键即可；

（5）按RANGE键，可将仪器从饱和百分比（%）转换到mg/L状态（不需再重新校准）。

3. 水样测定

仪器校准完毕后，将电极浸入被测水样中，同时确保温度感应部分也浸入水样中，如果要显示饱和百分比（%），按RANGE键转换到饱和百分比（%）状态。为精确测量溶解氧，要求水样的最小流速为0.3m/s，水流将会提供一个适当的循环，保证消耗的氧持续不断地得到补充。液体静止时，不能得到正确的结果。进行野外测量时，可用手平行摇动电极进行。在化验室进行测量时，要使用磁力搅拌器，保证水样有一个固定的流速，这样可将由空气中氧扩散到水样中引起的误差减少到最小。

【评价】

一、过程评价（表8-3）

表8-3

项目	准确性		规范性	得分	备注
	独立完成	老师帮助下完成			
电极的准备					
仪器的校准					
水样的测定					
数据处理					
溶解氧探头的维护					
综合评价：				综合得分：	

二、过程分析

1. 溶解氧感应器的薄膜寿命跟使用有很大关系。若安装、维护得当，薄膜能使用很长一段时间。松弛、破损、起皱，污秽的膜及电解液里有气泡都会造成读数不稳定。若读数不稳定或膜有破损的痕迹，都应更换膜及电解液。

2. 若膜被耗氧性生物（如细菌）或产氧性生物（如海藻）附着，会造成测量错误。

3. 氯气、二氧化硫、一氧化氮、氧化亚氮等物质在探头上的反应跟氧气相同，所以当读数有误差时，请检查是否由这些气体引起的。

4. 远离强酸、强碱、腐蚀性溶液，它们会损坏探头材料。

5. 避免工作电极被污染，清洗电极换上新的电解液及盖膜，等待至少30min，若仪器稳定后仍不能校准，应把仪器返回厂商进行维修。

6. 为防止电解液干燥，应把探头存贮在校准腔内。

【知识链接】

溶解氧仪分类（图8-7～图8-11）

1. 按便携性分为：便携式溶解氧仪、台式溶解氧仪和笔式溶解氧仪。

2. 按用途分为：化验室用溶解氧仪、工业在线溶解氧仪等。

3. 按先进程度分为：经济型溶解氧仪、智能型溶解氧仪、精密型溶解氧仪、指针式溶解氧仪、数显式溶解氧仪等。

笔式溶解氧仪，量程单一，测量范围窄，采用直流供电，可携带到现场，为专用便携式简便仪器。便携式和台式溶解氧仪测量范围较广，为常用仪器。化验室溶解氧仪测量范围广、功能多、测量精度高。工业用溶解氧仪的稳定性好、工作可靠，有一定的测量精度，环境适应能力强、抗干扰能力强，具有数字通信、上下限报警和控制等功能。

图 8-7　笔式溶解氧测试仪

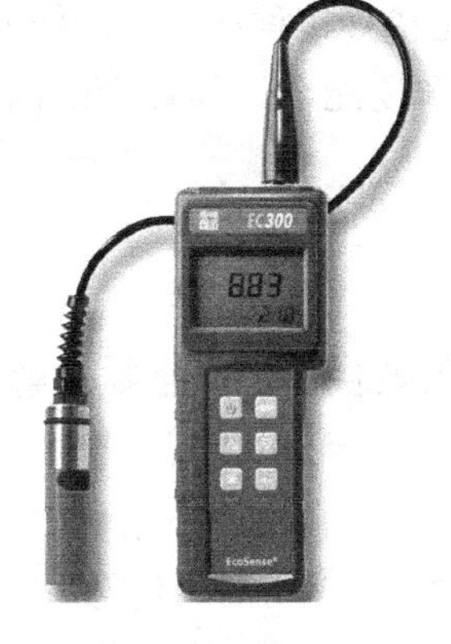

图 8-8　便携式溶解氧测量仪

图 8-9　TP351 台式溶解氧分析仪

图 8-10　TP150 溶解氧在线监测仪

图 8-11　沉入式探头的安装

【思考题】

1. 简述溶解氧测试仪电极的工作原理。

2. 溶解氧仪日常使用应注意哪些事项?

3. 溶液中的含盐量是否会影响水中溶解氧的含量? 溶解氧测定仪在标定时使用的溶液的含盐量低，而实际测量的溶液的含盐量高，是否会导致误差?

任务 8.3　BOD_5 的测定

【任务描述】

生活污水与工业废水中含有大量的有机物，这些有机物在水体中分解时要消耗大量溶解氧，从而破坏水体中氧的平衡，使水质恶化。通常水体中的有机物成分复杂，难以一一测定，人们常常利用水中有机物在一定条件下所消耗的氧来间接表示水体中有机物的含量，生化需氧量就属于这类重要指标。

生化需氧量的经典测定方法，是稀释接种法。本次任务学习，我们要了解 BOD_5 测定的基本原理及意义，掌握本方法操作技能，如稀释水的制备、稀释倍数选择、稀释水的校核和溶解氧的测定等。

【学习支持】

生化需氧量测定时，是指在好氧条件下，微生物分解水中的某些可氧化物质、特别是有机物所进行的生物化学过程所消耗的溶解氧量。这个生化全过程进行的时间很长，如在20℃下培养，完成此过程需100多天。目前国内外都采用20±1℃培养5d作为检验指标，分别测定样品培养前后的溶解氧，二者之差称为五日生化需氧量（BOD_5），以氧的mg/L表示。

本方法适用于 BOD_5 大于或等于2mg/L且不超过6000mg/L的水样。BOD_5 大于6000mg/L的水样仍可用本方法，但由于稀释会造成误差，有必要对测定结果做慎重的说明。本方法得到的结果是生物化学和化学作用共同产生的结果，它们不像单一的、有明确定义的化学过程那样具有严格和明确的特性，但是它能提供用于评价各种水样质量的指标。

在好氧条件下，微生物分解水中的有机物质，根据参加反应的物质和最终生成的物质，可用下列的反应式来概括生物化学反应过程：

$$6C_6H_{12}O_6+16O_2+4NH_3 \xrightarrow{\text{酶}} 4C_5H_7O_2N+16CO_2+28H_2O$$

$$\text{有机污染物} \xrightarrow[O_2]{\text{微生物}} CO_2+H_2O+NH_3$$

对某些地面水及大多数工业废水，因含较多的有机物，需要稀释后再培养测定，以降低有机物浓度并保证有充足的溶解氧。稀释的程度应使培养中所消耗的溶解氧大于2mg/l，剩余溶解氧在1mg/l以上。

为保证水样稀释后有足够的溶解氧，稀释水通常要通入空气进行曝气（或通入氧气），使稀释水中溶解氧接近饱和。稀释水中还应加入一定量的无机营养盐和缓冲物质（磷酸盐、钙、镁和铁盐等），以保证微生物生长的需要。

对于不含或少含微生物的工业废水，其中包括酸性废水、碱性废水、高温废水或经过氯化处理的废水，在测定BOD时应进行接种，以引入能分解废水中有机物的微生物。当废水中存在着难以被一般生活污水中的微生物以正常速度降解的有机物或含有剧毒物质时，应将驯化后的微生物引入水样中进行接种。

【任务实施】

一、仪器与试剂

1. 仪器

（1）恒温培养箱（20℃±1℃）。

（2）5～20L细口玻璃瓶。

（3）1000～2000ml量筒。

（4）玻璃搅棒：棒的长度应比所用量筒高度长200mm。在棒的底端固定一个直径比量筒底小、并带有几个小孔的硬橡胶板。

（5）溶解氧瓶：250～300ml 之间，带有磨口玻璃塞并具有供水封用的钟形口。

（6）虹吸管，供分取水样和添加稀释水用。

2. 试剂

（1）磷酸盐缓冲溶液

将 8.5g 磷酸二氢钾（KH_2PO_4），21.75g 磷酸氢二钾（K_2HPO_4），33.4g 七水合磷酸氢二钠（$Na_2HPO_4 \cdot 7H_2O$）和 1.7g 氯化铵（NH_4Cl）溶于水中，稀释至 1000ml。此溶液的 pH 应为 7.2。

（2）硫酸镁溶液

将 22.5g 七水合硫酸镁（$MgSO_4 \cdot 7H_2O$）溶于水中，稀释至 1000ml。

（3）氯化钙溶液

将 27.5g 无水氯化钙溶于水中，稀释至 1000ml。

（4）氯化铁溶液

将 0.25g 六水合氯化铁（$FeCl_3 \cdot 6H_2O$）溶于水中，稀释至 1000ml。

（5）盐酸溶液（0.5mol/L）

将 40ml 盐酸（ρ=1.18g/ml）溶于水中，稀释至 1000ml。

（6）氢氧化钠溶液（0.5mol/L）

将 20g 氢氧化钠溶于水中，稀释至 1000ml。

（7）亚硫酸钠溶液（$1/2Na_2SO_3$=0.025mol/L）

将 1.575g 亚硫酸钠溶于水中，稀释至 1000ml。此溶液不稳定，需每天配制。

（8）葡萄糖—谷氨酸标准溶液

将葡萄糖（$C_6H_{12}O_6$）和谷氨酸（$HOOC—CH_2—CH_2—CHNH_2—COOH$）在 103℃ 干燥 1h 后，各称取 150mg 溶于水中，移入 1000ml 容量瓶内并稀释至标线，混合均匀。此标准溶液临用前配制。

（9）稀释水

在 5～20L 玻璃瓶内装入一定量的水，控制水温在 20℃左右。然后用无油空气压缩机或薄膜泵，将吸入的空气先后经活性炭吸附管及水洗涤管后，导入稀释水内曝气 2～8h，使稀释水中的溶解氧接近于饱和。停止曝气亦可导入适量纯氧。瓶口盖以两层经洗涤晾干的纱布，置于 20℃培养箱中放置数小时，使水中溶解氧含量达 8mg/L 左右。临用前每升水中加入氯化钙溶液、氯化铁溶液、硫酸镁溶液、磷酸缓冲溶液各 1ml，并混合均匀。

图 8-12　稀释水曝气充氧装置

稀释水的 pH 应为 7.2，其 BOD_5 应小于 0.2mg/L。

（10）接种液

可选择以下任一方法，以获得适用的接种液。

① 城市污水，一般采用生活污水，在室温下放置一昼夜，取上清液供用。

② 表层土壤浸出液，取100g花园或植物生长土壤，加入1L水，混合并静止10min。取上清液供用。

③ 用含城市污水的河水或湖水。

④ 污水处理厂的出水。

⑤ 当分析含有难于降解物质的废水时，在其排污口下游3～8km处取水样作为废水的驯化接种液。如无此种水源，可取中和或经适当稀释后的废水进行连续曝气，每天加入少量该种废水，同时加入适量表层土壤或生活污水，使能适应该种废水的微生物大量繁殖。当水中出现大量絮状物，或检查其化学需氧量的降低值出现突变时，表明适用的微生物已进行繁殖，可用做接种液。一般驯化过程需要3～8d。

(11) 接种稀释水

分取适量接种液，加于稀释水中，混匀。每升稀释水中接种液加入量为：生活污水1～10ml；或表层土壤浸出液20～30ml；或河水、湖水10～100ml。

接种稀释水的pH值应为7.2，BOD_5值以在0.3～1.0mg/L之间为宜。接种稀释水配制后应立即使用。

二、水样的采集

测定生化需氧量的水样，采集时应充满并密封于瓶中。在0～4℃下进行保存。一般应在6小时内进行分析。若需要远距离转运，在任何情况下，贮存时间不应超过24小时。

三、水样预处理

(1) 水样的pH值若超出6.5～7.5范围时，可用盐酸或氢氧化钠稀溶液调节pH近于7，但用量不要超过水样体积的0.5%。若水样的酸度或碱度很高，可改用高浓度的碱或酸进行中和。

(2) 水样中含有铜、铅、锌、镉、铬、砷、氰等有毒物质时，可使用经驯化的微生物接种液的稀释水进行稀释，或提高稀释倍数以减少毒物的浓度。

(3) 含有少量游离氯的水样，一般放置1～2h，游离氯即可消失。对于游离氯在短时间不能消散的水样，可加入亚硫酸钠溶液除去。其加入量由下述方法决定：

取已中和好的水样100ml，加入(1+1)乙酸10ml，10%(m/V)碘化钾溶液1ml，混匀。以淀粉溶液为指示剂，用亚硫酸钠溶液滴定游离碘。由亚硫酸钠溶液消耗的体积，计算出水样中应加入亚硫酸钠溶液的量。

(4) 从水温较低的水域或富营养化的湖泊中采集的水样，可遇到含有过饱和溶解氧，此时应将水样迅速升温至20℃左右，在不使满瓶的情况下，充分振摇，并时时开塞放气，以赶出过饱和的溶解氧。

从水温较高的水域或废水排放口取得的水样，则应迅速使其冷却至20℃左右，并充分振摇，使与空气中氧分压接近平衡。

四、水样测定

1. 不经稀释水样的测定

（1）溶解氧含量较高、有机物含量较少的地面水，可不经稀释，而直接以虹吸法，将约20℃的混匀水样转移入两个溶解氧瓶内，转移过程中应注意不使产生气泡。以同样的操作使两个溶解氧瓶充满水样后溢出少许，加塞。瓶内不应有气泡。

（2）其中一瓶随即测定溶解氧，另一瓶的瓶口进行水封后，放入培养箱中（图8-13），在20±1℃培养5d。在培养过程中注意添加封口水。从开始放入培养箱算起，经过五昼夜后，弃去封口水，测定剩余的溶解氧。

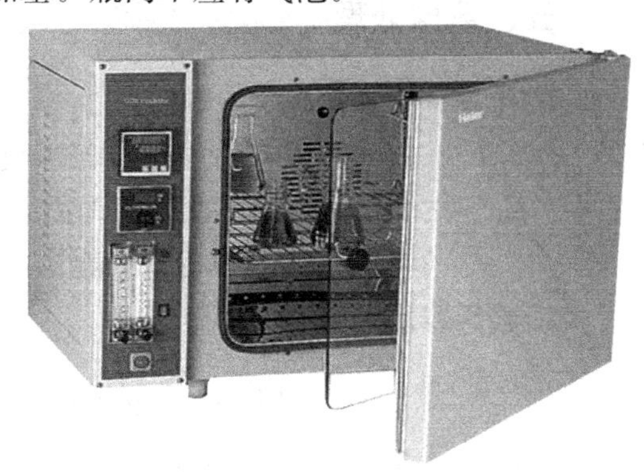

图8-13 恒温培养箱

2. 需经稀释水样的测定

（1）稀释倍数的确定：根据实践经验，提出下述计算方法，供稀释时参考。

① 地表水：由测得的高锰酸盐指数与一定的系数的乘积，求得稀释倍数，见表8-4。

由高锰酸盐指数与一定系数的乘积求得的稀释倍数　　表8-4

高锰酸盐指数（mg/L）	系数	高锰酸盐指数（mg/L）	系数
<5	—	10～20	0.4、0.6
5～10	0.2、0.3	>20	0.5、0.7、1.0

② 工业废水：由重铬酸钾法测得的COD值来确定。通常需做三个稀释比。

使用稀释水时，由COD值分别乘以系数0.075、0.15、0.225，即获得三个稀释倍数。

使用接种稀释水时，则分别乘以0.075、0.15和0.25三个系数。

注意：CODcr值可在测定COD过程中，加热回流至60min时，用由校核试验的邻苯二甲酸氢钾溶液按COD测定相同操作步骤制备的标准色列进行估测。

③ 稀释操作

a. 一般稀释法：

按照选定的稀释比例，用虹吸法沿筒壁先引入部分稀释水（或接种稀释水）于1000ml量筒中，加入需要量的均匀水样，再引入稀释水（或接种稀释水）至800ml，用带胶版的玻棒小心上下搅匀。搅拌时勿使搅棒的胶版漏出水面，防止产生气泡。

按不经稀释水样的测定相同操作步骤，进行装瓶、测定当天溶解氧和培养5d后的溶解氧。

另取两个溶解氧瓶，用虹吸法装满稀释水（或接种稀释水）作为空白试验。测定5d前后的溶解氧。

b. 直接稀释法：

直接稀释法是在溶解氧瓶内直接稀释。在已知两个容积相同（其差<1ml）的溶解氧

瓶内，用虹吸法加入部分稀释水（或接种稀释水），再加入根据瓶容积和稀释比例计算出的水样量，然后用稀释水（或接种稀释水）使刚好充满，加塞，勿留气泡于瓶内。其余操作与上述一般稀释法相同。

BOD_5 测定中，一般采用叠氮化钠改良法测定溶解氧。如遇干扰物质，应根据具体情况采用其他方法。

五、数据处理

1. 不经稀释直接培养的水样

$$BOD_5\ (mg/L) = C_1 - C_2$$

式中：C_1——水样在培养前的溶解氧浓度（mg/L）；

C_2——水样经 5d 培养后，剩余溶解氧浓度（mg/L）。

2. 经稀释后培养的水样

$$BOD_5\ (mg/L) = \frac{(C_1 - C_2) - (B_1 - B_2) f_1}{f_2}$$

式中：B_1——稀释水（或接种稀释水）在培养前的溶解氧（mg/L）；

B_2——稀释水（或接种稀释水）在培养后的溶解氧（mg/L）；

f_1——稀释水（或接种稀释水）在培养液中所占比例；

f_2——水样在培养液中所占比例。

注意：f_1、f_2 的计算：例如培养液的稀释比为 3%，即 3 份水样，97 份稀释水，则 $f_1 = 0.97$，$f_2 = 0.03$。

【评价】

一、过程评价（表 8-5）

表 8-5

项目	准确性		规范性	得分	备注
	独立完成	老师帮助下完成			
稀释水的配制					
接种稀释水的配制					
稀释倍数的确定					
水样的采集					
水样的预处理					
水样的测定					
数据处理					
综合评价：				综合得分：	

二、过程分析

1. 较清洁的水样（BOD_5 不超过 7mg/L），可以用直接测定法测其 BOD_5。

2. 大多数水样，尤其是废水样品的 BOD_5 测定需采用稀释与接种法。稀释的目的是降

低废水中有机物的浓度，保证在五天培养过程中有充足的溶解氧。接种是为水样提供足够的微生物。根据培养前后溶解氧的变化，并考虑到水样的稀释比，即可求得水样的五日生化需氧量。

3. 玻璃器皿应彻底洗净。先用洗涤剂浸泡清洗，然后用稀盐酸浸泡，最后依次用自来水、蒸馏水洗净。

4. 在两个或三个稀释比的样品中，凡消耗溶解氧大于2mg/L和剩余溶解氧大于1mg/L时，计算结果时，应取其平均值。若剩余溶解氧小于1mg/L，甚至为零时，应加大稀释比。溶解氧消耗量小于2mg/L，有两种可能，一是稀释倍数过大；另一种可能是微生物菌种不适应，活性差，或含毒物质浓度过大。这时可能出现在几个稀释比中，稀释倍数大的消耗溶解氧反而较多的现象。

5. 水样稀释倍数超过100倍时，应预先在容量瓶中用水初步稀释后，再取适量进行最后稀释培养。

6. 在培养过程中注意及时添加封口水。

【知识链接】

水中有机物的生物氧化过程，可分为两个阶段。第一阶段为有机物中的碳和氢，氧化生成二氧化碳和水，此阶段称为碳化阶段。完成碳化阶段在20℃大约需要20d左右。第二阶段为含氮物质及部分氨氧化为亚硝酸盐及硝酸盐，称为硝化阶段。完成硝化阶段在20℃时需要约100d。因此，一般测定水样BOD_5时，硝化作用很不显著或根本不发生硝化作用。但对于生物处理池的出水中含有大量的硝化细菌，因此，在测定BOD_5时也包括了部分含氮化合物的需氧量。对于这样的水样，如果我们只需要测定有机物降解的需氧量，可以加入硝化抑制剂，抑制硝化过程。为此目的，可在每升稀释水样中加入1ml浓度为500mg/L的丙烯基硫脲（ATU，$C_4H_8N_2S$）或一定量固定在氯化钠上的2-氯代-6-三氯甲基吡啶（TCMP，$Cl—C_5H_3N—C—CH_3$），使TCMP在稀释样品中的浓度约为0.5mg/L。

一般清净河流的五日生化需氧量不超过2mg/L，若高于10mg/L，就会散发出恶臭味。工业、农业、水产用水等要求生化需氧量应小于5mg/L，而生活饮用水应小于1mg/L。

我国污水综合排放标准规定，在工厂排出口，废水的生化需氧量二级标准的最高容许浓度为60mg/L，地面水的生化需氧量不得超过4mg/L。城镇污水处理厂一级A标准10mg/L，一级B标准20mg/L，二级标准30mg/L，三级标准60mg/L。

稀释接种法是生化需氧量的经典测定方法，该方法需要5d分析周期，操作过程烦琐，因而给污水处理及环境检测带来了许多不便。而目前常用的生物传感器快速测定法则具有准确、快速测定的优点。生物传感器快速测定仪是由氧电极和微生物菌膜构成，其原理是当含有饱和溶解氧的样品进入流通池中与微生物传感器接触时，水样中可生化降解的有机物受到微生物菌膜中菌种的作用，使扩散到氧电极表面上氧的质量减少。当水样中可生化降解的有机物向菌膜扩散的速度（质量）达到恒定时，此时扩散到氧电极表面上氧的质量也达到恒定，因此会产生一个恒定电流。由于恒定电流与水样中可生化降解的有机物浓度的差值与氧的减少量存在定量关系，在其线性范围内，消耗的溶解氧与有机物的浓度成正比，根据溶解氧电极测出溶解氧的减少量，从而计算出BOD值。

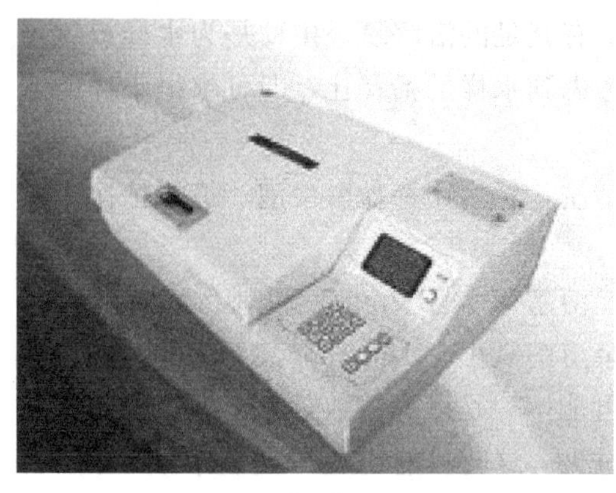

图 8-14 BOD 快速测定仪

该方法具有：维护简单，只需定期更换微生物膜和输液管；费用低廉，消耗品价格低，结构简单，无易损器件。但是同样存在一般比较适用地表水，对有重金属或者是其他毒性的污染物不太适合等缺点。

BOD 快速测定仪（如图 8-14 所示）可在 8min 内完成一个样品的测定，大大缩短了测定所需的时间，在 2002 年出版发行的《水和废水监测分析方法》（第四版）中列为 A 类方法。

【思考题】

1. 如何配制稀释水，接种液如何获取？

2. 若水样中含有有毒物质该如何处理？

3. 怎样固定溶解氧、析出碘并滴定碘？

4. 水样的采集过程中应注意哪些事项？

5. 对 BOD_5 测定影响较大的因素是什么？

6. 为什么需要测定 5 天前后稀释水的溶解氧？

7. 测定某水样的生化需氧量时，进行 1∶80 稀释，培养前、后溶解氧含量分别为 8.20mg/L 和 4.10mg/L，稀释水培养前、后溶解氧含量分别为 8.85mg/L 和 8.78mg/L，计算该水样的 BOD_5。

项目9 水中化学需氧量的测定

【项目概述】

化学需氧量（COD），是指在强酸并加热的条件下，用强氧化剂处理水样时所消耗氧化剂的量。以氧的mg/L来表示。COD反映了水中受还原性物质污染的程度，水中的还原性物质有亚硝酸盐、亚铁盐、有机物、硫化物等，但主要的是有机物，所以COD测定又可反映水中有机物的含量。因此，化学需氧量又往往作为衡量水中有机物质含量多少的指标。化学需氧量越大，说明水体受有机物的污染越严重。目前应用最普遍的是重铬酸钾氧化法与酸性高锰酸钾氧化法。高锰酸钾法测定的化学需氧量（COD_{Mn}）适用于较为清洁水样的测定。若需要测定污染严重的生活污水和工业废水，则需要用重铬酸钾氧化法。

任务9.1 COD_{Cr}的测定

【任务描述】

在强酸性溶液中，用一定量的重铬酸钾氧化水中还原性物质，过量的重铬酸钾以试亚铁灵作为指示剂，用硫酸亚铁铵溶液回滴，根据用量算出水样中还原性物质消耗氧的量。通过本次任务学习，同学们要明确测定化学需氧量的意义，掌握加热回流操作和重铬酸钾法测定化学需氧量的原理和操作规程。

【学习支持】

$K_2Cr_2O_7$ 是一种常用的氧化剂之一，它具有较强的氧化性，在酸性介质中 $Cr_2O_7^{2-}$ 被还原为 Cr^{3+}，其电极反应如下：

$$Cr_2O_7^{2-} + 14H^+ + 6e \rightleftharpoons 2Cr^{3+} + 7H_2O \quad \varphi^\theta (Cr_2O_7^{2-}/Cr^{3+}) = 1.33V$$

$K_2Cr_2O_7$ 的氧化能力虽然比 $KmnO_4$ 略弱，但在硫酸银作催化剂时，85%～95%直链脂肪族化合物可完全被氧化。此外，$K_2Cr_2O_7$ 易提纯，干燥后可以制成基准物质，可直接配制标准溶液，浓度长期保持不变。当HCl溶液浓度低于3mol/L时，不受Cl^-还原作用的影响，可在盐酸介质中进行滴定。

COD_{Cr}测定时，水样中加入一定量的重铬酸钾标准溶液，在强酸性（H_2SO_4）条件下，以 Ag_2SO_4 为催化剂，加热回流 2h，使重铬酸钾与有机物和还原性物质充分作用。过量的重铬酸钾以试亚铁灵为指示剂，用硫酸亚铁铵标准滴定溶液返滴定，其滴定反应为：

$$Cr_2O_7^{2-}+6Fe^{2+}+14H^+ \rightleftharpoons 2Cr^{3+}+6Fe^{3+}+7H_2O$$

由所消耗的硫酸亚铁铵标准滴定溶液的量及加入水样中的重铬酸钾标准溶液的量，便可以计算出水样中还原性物质消耗氧的量。

$K_2Cr_2O_7$ 氧化能力虽强，但是芳香族有机物却不易被氧化，吡啶不被氧化，挥发性直链脂肪族化合物、苯等有机物存在于蒸气相，不能与氧化剂液体接触，氧化不明显。氯离子能被重铬酸盐氧化，并且能与硫酸银作用产生沉淀，影响测定结果，故在回流前向水样中加入硫酸汞，使之成为络合物以消除干扰，氯离子含量高于 1000mg/L 的样品应先做定量稀释，使含量降低至 1000mg/L 以下，再进行测定。用 0.25mol/L 浓度的重铬酸钾溶液可测定大于 50mg/L 的 COD 值，未经稀释水样的测定上限是 700mg/L，用 0.025mol/L 浓度的重铬酸钾可测定 5～50mg/L 的 COD 值，但低于 10mg/L 时准确度较差。

【任务实施】

一、仪器与试剂

1. 仪器

（1）回流装置：带 250ml 锥形瓶的全玻璃回流装置见图 9-1～图 9-4（如取样量在 30ml 以上，采用 500ml 锥形瓶的全玻璃回流装置）。

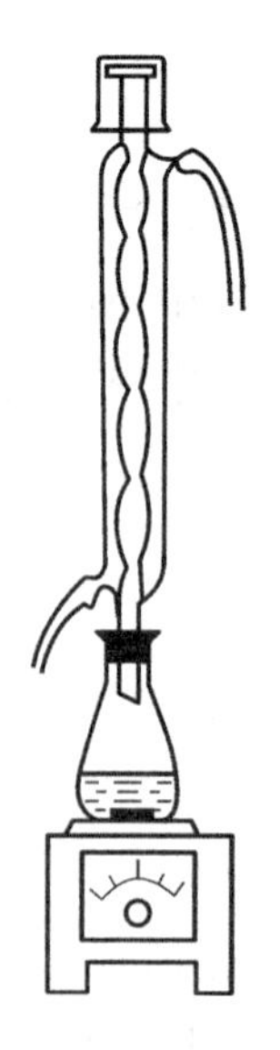

图 9-1　重铬酸钾法测定 COD 的回流装置

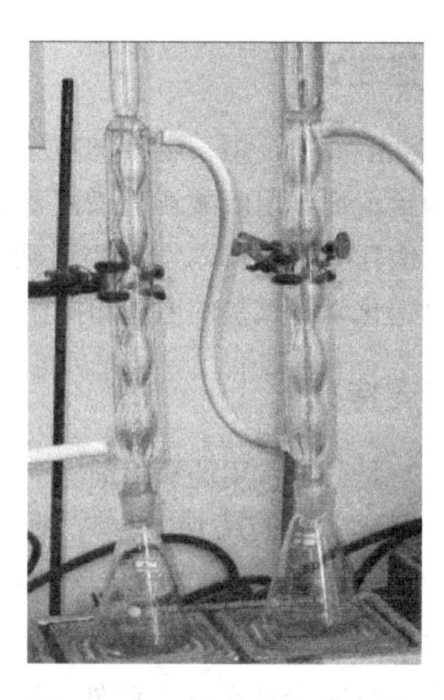

图 9-2　COD 的全玻璃回流装置

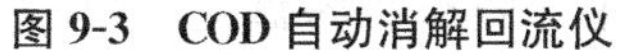

图 9-3　COD 自动消解回流仪

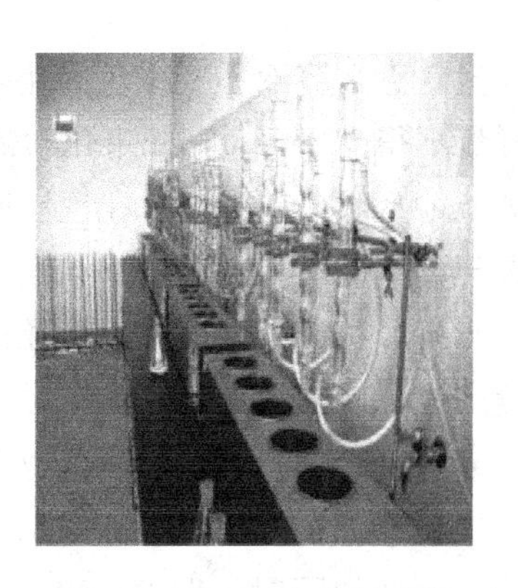

图 9-4　COD 远红外消煮炉

（2）加热装置：变组电炉。

（3）50ml 酸式滴定管、锥形瓶、移液管、容量瓶等。

2. 试剂

（1）重铬酸钾标准溶液 $C(1/6K_2Cr_2O_7)=0.2500mol/L$；称取预先在 120℃烘干 2h 的基准或优质纯重铬酸钾 12.258g 溶于水中，移入 1000ml 容量瓶，稀释至标线，摇匀。

（2）试亚铁灵指示液：称取 1.485g 邻菲啰啉（$C_{12}H_8N_2 \cdot H_2O$）、0.695g 硫酸亚铁（$FeSO_4 \cdot 7H_2O$）溶于水中，稀释至 100ml，贮于棕色瓶内。

（3）硫酸亚铁铵标准溶液 $C((NH_4)_2Fe(SO_4)_2 \cdot 6H_2O) \approx 0.1mol/L$：称取 39.5g 硫酸亚铁铵溶于水中，边搅拌边缓慢加入 20ml 浓硫酸，冷却后移入 1000ml 容量瓶中，加水稀释至标线，摇匀。临用前，用重铬酸钾标准溶液标定。

标定方法：准确吸取 10.00ml 重铬酸钾标准溶液于 500ml 锥形瓶中，加水稀释至 110ml 左右，缓慢加入 30ml 浓硫酸，混匀。冷却后，加入 3 滴试亚铁灵指示液（约 0.15ml），用硫酸亚铁铵溶液滴定，溶液的颜色由黄色经蓝绿色至红褐色即为终点。

$$C((NH_4)_2Fe(SO_4)_2 \cdot 6H_2O)=\frac{0.2500 \times 10.00}{V} \tag{9-1}$$

式中　C——硫酸亚铁铵标准溶液的浓度（mol/L）；

V——硫酸亚铁铵标准溶液的用量（ml）。

（4）硫酸-硫酸银溶液：于 500ml 浓硫酸中加入 5g 硫酸银。放置 1-2d，不时摇动使其溶解。

（5）硫酸汞：结晶或粉末。

二、水样测定

（1）取 20.00ml 混合均匀的水样（或适量水样稀释至 20.00ml）置于 250ml 磨口的回流锥形瓶中，准确加入 10.00ml 重铬酸钾标准溶液及数粒小玻璃珠或沸石，连接磨口的回流冷凝管，从冷凝管上口慢慢地加入 30ml 硫酸-硫酸银溶液，轻轻摇动锥形瓶是溶液混匀，加热回流 2h（自开始沸腾时计时）。

注：对于化学需氧量高的废水样，可先取上述操作所需体积 1/10 的废水样和试剂于 15×150mm 硬质玻璃试管中，摇匀，加热后观察是否成绿色。如溶液显绿色，在适当减

少废水取样量，直至溶液不变绿色为止，从而确定废水样分析时应取用的体积。稀释时，所取废水样量不得少于5ml，如果化学需氧量很高，则废水样应多次稀释。废水中氯离子含量超过30mg/L时，应先把0.4g硫酸汞加入回流锥形瓶中，再加20.00ml废水（或适量废水稀释至20.00ml），摇匀。

（2）冷却后，用90ml水冲洗冷凝管壁，取下锥形瓶。溶液总体积不得少于140ml，否则因酸度太大，滴定终点不明显。

（3）溶液再度冷却后，加3滴试亚铁灵指示液，用硫酸亚铁铵标准溶液滴定，溶液的颜色由黄色经蓝绿色至红褐色（图9-5）即为终点，记录硫酸亚铁铵标准溶液的用量。

（4）测定水样的同时，取20.00ml重蒸馏水，按同样的操作步骤做空白试验。记录测定空白时硫酸亚铁铵标准溶液的用量。

滴定前　　接近终点　　终点

图9-5　水样测定

三、数据处理

$$COD_{Cr}(O_2, mg/L) = \frac{(V_0 - V_1) \times C \times 8 \times 1000}{V} \tag{9-2}$$

式中：C——硫酸亚铁铵标准溶液的浓度（mol/L）；

V_0——滴定空白时硫酸亚铁铵标准溶液的用量（ml）；

V_1——滴定水样时硫酸亚铁铵标准溶液的用量（ml）；

V——水样的体积（ml）；

8——氧（1/2O）摩尔质量（g/mol）。

【评价】

一、过程评价(表9-1)

表9-1

项目	准确性		规范性	得分	备注
	独立完成	老师帮助下完成			
重铬酸钾标准溶液的配制					
硫酸亚铁铵标准溶液的标定					

续表

项目	准确性		规范性	得分	备注
	独立完成	老师帮助下完成			
水样的消解					
水样的测定					
数据处理					
综合评价：				综合得分：	

二、过程分析

（1）使用0.4g硫酸汞络合氯离子的最高量可达40mg，如取用20.00ml水样，即最高可络合2000mg/L氯离子浓度的水样。若氯离子的浓度较低，也可少加硫酸汞，使保持硫酸汞：氯离子=10：1（W/W）。若出现少量氯化汞沉淀，并不影响测定。

（2）水样取用体积可在10.00～50.00ml范围内，但试剂用量及浓度需按表9-2进行相应调整，也可得到满意的结果。

水样取用量和试剂用量表 **表9-2**

水样体积(ml)	$K_2Cr_2O_7$溶液(ml) 0.2500mol/L	$H_2SO_4-Ag_2SO_4$溶液(ml)	$HgSO_4$(g)	$[(NH_4)_2Fe(SO_4)_2]$ mol/L	滴定前总体积(ml)
10.0	5.0	15	0.2	0.050	70
20.0	10.0	30	0.4	0.100	140
30.0	15.0	45	0.6	0.150	210
40.0	20.0	60	0.8	0.200	280
50.0	25.0	75	1.0	0.250	350

（3）对于化学需氧量小于50mg/L的水样，应改用0.0250mol/L重铬酸钾标准溶液。回滴时用0.01mol/L硫酸亚铁铵标准溶液。

（4）水样加热回流后，溶液中重铬酸钾剩余量应为加入量的1/5～4/5为宜。

（5）用邻苯二甲酸氢钾标准溶液检查试剂的质量和操作技术时，由于每克邻苯二甲酸氢钾的理论COD_{Cr}为1.176g，所以溶解0.421g邻苯二甲酸氢钾（$HOOCC_6H_4COOK$）于重蒸馏水中，转入1000ml容量瓶，用重蒸馏水稀释至标线，使之成为500mg/L的COD_{Cr}标准溶液。用时新配。

（6）COD_{Cr}的测定结果应保留三位有效数字。

（7）每次试验时，应对硫酸亚铁铵标准溶液进行标定，室温较高时尤其注意其浓度的变化。

（8）回流冷凝管不能用软质乳胶管，乳胶管易老化、变形、冷却水不通畅。

（9）用手摸冷却水时不能有温感，会使测定结果偏低。

（10）滴定时不能激烈摇动锥形瓶，瓶内试液不能溅出水花，会影响测定结果。

【知识链接】

在地表水、工业废水和生活废水的水质监测分析中（表9-3～表9-5），COD是常用监测项目，它反映了水中受还原性物质污染的程度，是评价水体受有机物污染程度的重要指标，是对河流和工业废水的研究及污水处理厂的处理效果的一个重要而相对易得的参数，在炼油、化工、制药、皮革、印染等行业中COD都是一个水质污染状况的主要监测指标。

地表水COD的排放标准限值　　表9-3

项目	地表水				
	I类	II类	III类	IV类	V类
COD_{Cr}（mg/L）≤	15	15	20	30	40
COD_{Mn}（mg/L）≤	2	4	6	10	15

污水COD排放标准限制　　表9-4

污染物	适用范围	一级标准	二级标准	三级标准
CODcr（mg/L）	甜菜制糖、焦化、合成脂肪酸、染料、湿法纤维板、洗毛、有机磷农药工业	100	200	1000
	味精、酒精、医药原料药、生物制药、皮革、化纤浆粕工业	100	300	1000
	石油化工工业（包括石油炼制）	100	150	500
	城镇二级污水处理厂	60	120	—
	其他排污单位	100	150	500

CODcr测定按装置分类方法对比　　表9-5

方法	方法名称	方法类别	适用范围
1	重铬酸钾法	A	0.25mol/L重铬酸钾溶液COD检测范围50～700mg/L 0.025mol/L重铬酸钾溶液COD检测范围5～50mg/L
2	库伦法	B	1ml0.05mol/l重铬酸钾溶液COD检测范围大于2mg/L 3ml0.05mol/L重铬酸钾溶液COD检测范围3～100mg/L
3	快速密闭催化消解法	B	地表水、生活污水、工业废水
4	节能加热法	B	同方法一
5	氯气校正法	A	油田、沿海炼油厂、油库、氯碱厂、废水深海排放 高氯废水COD检测范围：30～20000mg/L

COD的定量方法因氧化剂的种类和浓度、溶液酸度、反应温度、时间及催化剂的有无等条件的不同而出现不同的结果。另一方面，在同样条件下也会因水体中还原性物质的种类与浓度不同而呈现不同的氧化程度。因此化学需氧量是一个条件性指标，必须严格按操作步骤进行。

在标准方法中，回流温度为145～148℃，冷却水的流量应控制在用手触摸冷凝管外壁不能有温感，否则水样中的低沸点有机物也会挥发损失，使测定结果偏低。水样回流消解结束后，加入蒸馏水或去离子水应从冷凝管上方缓慢加入，以便将附着在管内壁的挥发性有机物冲到试液中。在实际水样中，尤其是有机废水和酿酒废水中，常含有挥发性有机物，一旦回流温度偏高，冷却水流变小，这些挥发性有机物就可能从回流管上端

逸出，使得测定数据偏低。

【思考题】

1. 为什么需要做空白实验?

2. 化学需氧量测定时，有哪些影响因素?

3. 化学需氧量测定时，为什么要采用回流加热?

4. 如何配制和标定硫酸亚铁铵标准溶液?

5. 今取废水样 100mL，用 H_2SO_4 酸化后，加 25.00mL$C_{(K_2Cr_2O_7)}=0.01667mol/L$ 的 $K_2Cr_2O_7$ 标准溶液，以 Ag_2SO_4 为催化剂煮沸，待水样中还原性物质被完全氧化后，以邻二氮菲亚铁为指示剂，用 $C_{(FeSO_4)}=0.1000mol/L$ $FeSO_4$ 标准溶液滴定剩余的 $Cr_2O_7^{2-}$，用去 15.00mL。计算水样中化学耗氧量，以（O_2，mg/L）表示。

任务 9.2　COD_{Mn}的测定

【任务描述】

高锰酸盐指数是指在一定条件下，以高锰酸钾为氧化剂，处理水样时所消耗的量，单位用“mg/L”来表示。水中的亚铁盐、硫化物、亚硝酸盐等还原性无机物和在此条件下被氧化的有机物，均可消耗高锰酸钾，因此，高锰酸盐指数常被作为水体受还原性有机（和无机）物质污染程度的综合指标。本次任务学习，同学们要明确测定高锰酸盐指数的意义，掌握测定高锰酸盐指数的原理和操作规程。

【学习支持】

一、高锰酸钾的氧化性

$KMnO_4$ 是一种强氧化剂，它的氧化能力和还原产物与溶液的酸度有关。

强酸溶液：

$$MnO_4^- + 8H^+ + 5e \rightleftharpoons Mn^{2+} + 4H_2O \quad \varphi^\theta = 1.51V$$

中性、弱酸（碱）性溶液：

$$MnO_4^- + 2H_2O + 3e \rightleftharpoons MnO_2 \downarrow + 4OH^- \quad \varphi^\theta = 0.59V$$

强碱溶液：

$$MnO_4^- + e \rightleftharpoons MnO_4{}^{2-} \quad \varphi^\theta = 0.56V$$

$KMnO_4$ 法的优点是氧化能力强，可以在不同条件下直接或间接地测定多种无机物和有机物，$KMnO_4$ 可以作为自身指示剂。缺点是 $KMnO_4$ 标准溶液不能直接配制，溶液稳定性不够，不能久置，需经常标定。

二、高锰酸钾标准溶液的配制与标定

高锰酸钾试剂常含有少量的 MnO_2 及其他杂质，使用的蒸馏水中也含有少量如尘埃、

有机物等还原性物质，这些物质都能使 $KMnO_4$ 还原，因此 $KMnO_4$ 标准溶液必须先配成近似浓度的溶液，放置一周后滤去沉淀，然后再用基准物质标定。

标定 $KMnO_4$ 溶液的基准物质很多，如 $H_2C_2O_4 \cdot 2H_2O$、$Na_2C_2O_4$、$(NH_4)_2Fe(SO_4)_2 \cdot 6H_2O$ 和纯铁丝等。其中最常用的是 $Na_2C_2O_4$，它易于提纯、性质稳定，不含结晶水，在 105～110℃烘 2h 至恒重，冷却后即可使用。

MnO_4^- 与 $C_2O_4^{2-}$ 的标定反应在 H_2SO_4 介质中进行，其反应如下：

$$2MnO_4^- + 5C_2O_4^{2-} + 16H^+ \rightleftharpoons 2Mn^{2+} + 10CO_2\uparrow + 8H_2O$$

为了使反应能定量地较快进行，标定时应注意以下滴定条件。

(1) 温度　$Na_2C_2O_4$ 溶液加热至 70～85℃再进行滴定。若温度超过 90℃，$H_2C_2O_4$ 会分解为 CO_2 和 H_2O，导致标定结果偏高。

(2) 酸度　溶液酸度一般控制为 0.5～1mol/L。如果酸度不足，易生成 MnO_2 沉淀，酸度过高又会使 $H_2C_2O_4$ 分解。

(3) 滴定速度　MnO_4^- 与 $C_2O_4^{2-}$ 的反应开始时速率很慢，当有催化物 Mn^{2+} 生成之后，反应速率逐渐加快。因此，开始滴定时，应该等第一滴 $KMnO_4$ 溶液褪色后，再加第二滴，反应生成的 Mn^{2+} 有自动催化作用加快了反应速率，此后可加快滴定速度，但不能过快，否则加入的 $KMnO_4$ 溶液会因来不及与 $C_2O_4^{2-}$ 反应，就在热的酸性溶液中分解，导致标定结果偏低。此外，滴定前可加入少量的 $MnSO_4$ 作催化剂，则在滴定的最初阶段就可以较快的速度进行。

(4) 滴定终点　用 $KMnO_4$ 溶液滴定溶液呈淡粉红色 30s 不褪色即为终点。如果放置时间过长，空气中还原性物质能使 $KMnO_4$ 还原而褪色。

三、COD_{Mn} 测定原理

水样在酸性条件下，加入过量的 $KMnO_4$ 标准溶液，将水样中的某些有机物及还原性物质氧化，反应后在剩余的 $KMnO_4$ 中加入过量的还原剂 $Na_2C_2O_4$，再用 $KMnO_4$ 标准溶液回滴过量的 $Na_2C_2O_4$，从而计算出水样中所含还原性物质所消耗的 $KMnO_4$，再换算为 COD_{Mn}。测定过程所发生的有关反应如下：

$$4KMnO_4 + 6H_2SO_4 + \underset{(有机物)}{5C} \longrightarrow 2K_2SO_4 + 4MnSO_4 + 5CO_2\uparrow + 6H_2O$$

$$2MnO_4^- + 5C_2O_4^{2-} + 16H^+ \longrightarrow 2Mn^{2+} + 10CO_2\uparrow + 8H_2O$$

这种测定方法在规定条件下，水中有机物只能部分被氧化，并不是理论上的需氧量，不能反映水体中总有机物的含量，我国新的环境水质标准中，仅将酸性重铬酸钾法测得的值称为化学需氧量。但是重铬酸钾法方法烦琐，不如高锰酸钾法简便快速，但是高锰酸钾法仅限于测定未严重污染水样，由于污水和工业废水中含有许多复杂的有机物质，不能被 $KMnO_4$ 氧化，所以在测定时结果不能令人满意。因此在测定严重污染水样时，不如 $K_2Cr_2O_7$ 法好。高锰酸钾法不能完全表示出水体受有机物污染程度，但是高锰酸钾法具有快速简便的优点，在某种程度上能相对比较出水体污染轻重，所以仍被认为是衡量水体污染程度的标志之一。

高锰酸盐指数测定结果与溶液的酸度、高锰酸盐浓度、加热温度和时间有关。因此，

测定时必须严格遵守操作规定，使结果具可比性。

该法适用于饮用水、水源水和地面水等较清洁水样的测定，不适用于测定工业废水中有机物的负荷量，如需测定，可用重铬酸钾法测定化学需氧量。

按测定溶液的介质不同，COD_{Mn}分为酸性高锰酸钾法和碱性高锰酸钾法。由于在碱性条件下高锰酸钾的氧化能力比酸性条件下稍弱，此时不能氧化水中的氯离子，故常用于测定含氯离子浓度较高的水样。酸性高锰酸钾法适用于氯离子含量不超过300mg/L的水样。氯离子浓度高于300mg/L，采用在碱性介质中氧化的测定方法。当高锰酸盐指数超过10mg/L时，应少取水样并经稀释后再测定。

【任务实施】

一、仪器与试剂

1. 仪器

（1）沸水浴装置。

（2）250ml锥形瓶。

（3）50ml酸式滴定管。

（4）定时钟。

2. 试剂

（1）高锰酸钾贮备液（$C(1/5KMnO_4)$＝0.1mol/L）：称取3.2g高锰酸钾溶于1.2L水中，加热煮沸，使其体积减少到约1L，放置过夜，用G-3玻璃砂芯漏斗过滤后（如图9-6所示），滤液贮于棕色瓶中保存。在使用前用0.1000mol/L$Na_2C_2O_4$标准贮备液来标定，求得其实际浓度。

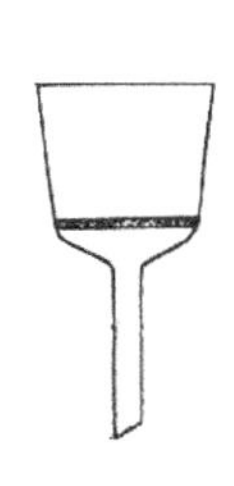
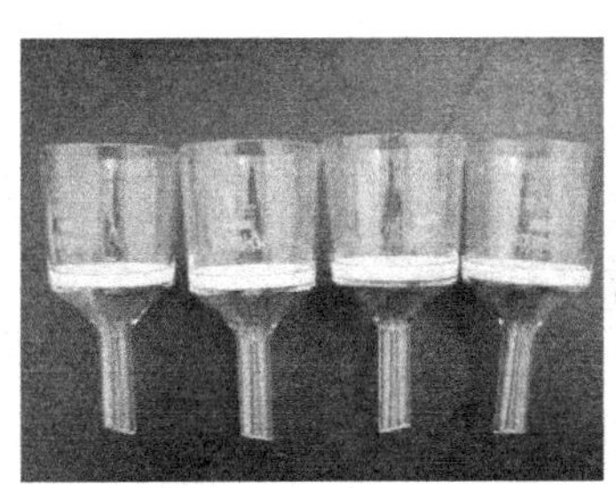

图9-6　玻璃砂芯漏斗

（2）高锰酸钾使用液（$C(1/5KMnO_4)$＝0.01mol/L）：吸取100ml上述高锰酸钾溶液，用水稀释至1000ml，贮于棕色瓶中。使用当天应进行标定，并调节至0.01mol/L准确浓度。

（3）1＋3硫酸。配制时趁热滴加高锰酸钾溶液至呈微红色。

（4）草酸钠标准贮备液（$C(1/2Na_2C_2O_4)$＝0.100mol/L）：称取0.6705g在105～110℃烘干1h并冷却的优级纯草酸钠溶于水，移入100ml容量瓶中，用水稀释至标线。

（5）草酸钠标准使用液（$C(1/2Na_2C_2O_4)$＝0.0100mol/L）：吸取10.00ml上述草酸

钠溶液移入 100ml 容量瓶中，用水稀释至标线。

二、水样的采集

水样采集后要加入硫酸，使 pH 调至<2，抑制微生物的活动并尽快分析。如保存时间超过 6h，则需置暗处，0～5℃下保存，不得超过 48h。

三、水样测定(酸性法)

（1）分取 100ml 混匀水样（如高锰酸盐指数高于 5mg/L，则酌情少取，并用水稀释至 100ml）于 250ml 锥形瓶中。

（2）加入 5ml（1+3）硫酸，摇匀。

（3）加入 10.00ml 0.01mol/L 高锰酸钾溶液，摇匀，立刻放入沸水浴中加热 30min（从水浴重新沸腾起计时）。沸水浴液面要高于反应溶液的液面。

（4）取下锥形瓶，趁热加入 10.00ml　0.0100mol/L 草酸钠标准溶液，摇匀。立即用 0.01mol/L 高锰酸钾溶液滴定至显微红色，记录高锰酸钾溶液消耗量。

（5）高锰酸钾溶液浓度的标定：将上述已滴定完毕的溶液加热至约 70℃，准确加入 10.00ml 草酸钠标准溶液（0.0100mol/L），再用 0.01mol/L 高锰酸钾溶液滴定至显微红色。记录高锰酸钾溶液消耗量，按下式求得高锰酸钾溶液的校正系数（K）：

$$K = \frac{10 \cdot 00}{V} \tag{9-3}$$

式中：V——高锰酸钾溶液消耗量（ml）。

若水样经稀释时，应同时另取 100ml 水，同水样操作步骤进行空白试验。

四、数据处理

1. 水样不经稀释

$$\text{高锰酸盐指数}(O_2, mg/L) = \frac{[(10 + V_1)K - 10] \times M \times 8 \times 1000}{100} \tag{9-4}$$

式中：V_1——滴定水样时，高锰酸钾溶液的消耗量（ml）；

K——校正系数；

M——草酸钠溶液浓度（mol/L）；

8——氧（1/2O）摩尔质量。

2. 水样经稀释

$$\text{高锰酸盐指数}(O_2, mg/L) = \frac{\{[(10+V_1)K-10]-[(10+V_0)K-10]\times C\}\times M\times 8\times 1000}{V_2} \tag{9-5}$$

式中：V_0——空白试验中高锰酸钾溶液消耗量（ml）；

V_2——分取水样量（ml）；

C——稀释水样中含水的比值，例如：10.0ml 水样用 90ml 水稀释至 100ml，则 C=0.90。

【评价】

一、过程评价(表 9-6)

表 9-6

项目	准确性		规范性	得分	备注
	独立完成	老师帮助下完成			
高锰酸钾贮备液的标定					
高锰酸钾使用液的配制					
草酸钠标准使用液配制					
水样的采集					
水样的测定					
数据处理					
综合评价：				综合得分：	

二、过程分析

1. 煮沸时，控制温度，不能太高，防止溶液溅出。

2. 在水浴中加热完毕后，溶液仍应保持淡红色，如变浅或全部褪去，说明高锰酸钾的用量不够。此时，应将水样稀释倍数加大后再测定。

3. 在酸性条件下，草酸钠和高锰酸钾的反应温度应保持在 60～80℃，所以滴定操作必须趁热进行，若溶液温度过低，需适当加热。

4. 若水样中含有大量还原剂，同样要进行校正。

【知识链接】

一、碱性高锰酸钾氧化法

1. 适用范围

当样品中氯离子浓度高于 300mg/L 时，则采用在碱性介质中，用高锰酸钾氧化水样中的部分有机物及无机还原性物质。

2. 分析步骤

吸取 100.0ml 混匀水样（或适量，用水稀释至 100ml），置于 250ml 锥形瓶中，加入 0.5mL 50%氢氧化钠溶液，摇匀。用滴定管加入 10.00ml 高锰酸钾溶液，将锥形瓶置于沸水浴中 30 分钟（水浴沸腾，开始计时）。取出后，冷却至 70～80℃，加入 5ml（1+3）硫酸并保证溶液呈酸性，摇匀。以后步骤同酸性高锰酸钾法。

二、常见的有机物水质指标

1. 总有机碳（TOC）：总有机碳是以碳的含量表示水中有机物质的总量，结果以碳（C）的 mg/L 表示。

碳是一切有机物的共同成分，组成有机物的主要元素，水的 TOC 值越高，说明水中有机物含量越高，因此，TOC 可以作为评价水质有机污染的指标。

TOC 的测定仪器法，多采用燃烧氧化-非分散红外吸收法、电导法、湿法氧化-非分散红外吸收法等。

燃烧氧化-非分散红外吸收法测定 TOC 原理：一定量水样注入高温炉内的石英管，高温（>800℃）下用铂或 CeO_2 催化剂，有机物燃烧裂解为 CO_2 和 H_2O，脱水后用非色散红外吸收光度计测定 CO_2 的量。

2. 总需氧量（TOD）：总需氧量是指水中的还原性物质，主要是有机物质在燃烧中变成稳定的氧化物所需要的氧量，结果以 O_2 的 mg/L 计。

测定原理：将少量水样与含一定量氧气的惰性气体（氮气）一起送入装有铂催化剂的高温燃烧管中（900℃），水样中的还原性物质在 900℃温度下被瞬间燃烧氧化，测定惰性气体中氧气的浓度，根据氧的减少量求得水样的 TOD 值。

TOD 能反映出几乎全部有机物质（CHONPS）经燃烧后变成 CO_2、H_2O、NO、P_2O_5 和 SO_2 时所需要的氧量，比 BOD 和 COD 都更接近理论需氧量的值。

3. 紫外吸光度（UVA）：有机物尤其是含不饱和键和杂原子的有机物在紫外光区有强烈吸收，其吸光度大小可以间接反映水中有机物的污染程度。

三、有机物污染综合指标比较

COD、BOD、TOC 和 TOD 等综合指标的不同之处仅在于氧化方式的不同。

1. COD_{Cr} 与 COD_{Mn} 之间的比较

对于同一种水样，$COD_{Cr}=kCOD_{Mn}+b$

$1.5<k<4.0$，不同类型的水样之间，COD_{Cr} 与 COD_{Mn} 的相关性很难确定，可比性也很差。

2. COD_{Cr}、COD_{Mn}、BOD 之间的比较

一般有：$COD_{Cr}>BOD_{20}>BOD_5>COD_{Mn}$

3. TOC 与 TOD 之间的比较

TOC 所反映的只是有机物的含碳量，TOD 反映的是几乎全部有机物质，根据 TOD 对 TOC 的比例关系，可以大体确定水中有机物的种类。

4. TOC、TOD 与 COD、BOD_5 之间比较

由于测定 TOC 和 TOD 所采用的是燃烧法，能将有机物几乎全部氧化，比 COD 和 BOD_5 测定时有机物氧化得更为彻底，因此，TOC 和 TOD 更能直接表示水中有机物质的总量。

TOC 和 TOD 的测定不像 COD 与 BOD_5 的测定受许多因素的影响，干扰较少，只要用非常少量的水样（通常仅 20μl），在很短的时间（数分钟）就可得到测定结果。

BOD_5/COD_{Cr} 比值明显偏低，当遇到比值低于 0.2，甚或低至 0.1 或以下，除化学毒性物质或抗菌素影响外，最常见的原因是 pH 值和杀菌剂游离氯等，前者可发生于水样未调节 pH 值至 7，或稀释水（接种稀释水）的 pH 值未达 7.2，后者如漂白粉类消毒剂。为免于失误，在 BOD_5 测定过程中，对水样及稀释水的 pH 值的测定和调节，以及氧化剂

的存在与否，应作为例行检查步骤。

【思考题】

1. 用 $KMnO_4$ 测定时，滴定操作应注意哪些问题？

2. 加热煮沸 30min 应如何控制？时间要求是否严格？为什么？

3. 酸性溶液测定 COD 时，若加热煮沸出现 MnO_2 为什么需要重做？而碱性溶液测定 COD 时，出现绿色或 MnO_2 却是允许的，其因何在？

4. 水样的采集与保存应当注意哪些事项？

5. 水样加入 $KMnO_4$ 煮沸后，若红色消失说明什么？应采取什么措施？

6. COD、BOD、高锰酸盐指数都是有机污染物综合指标，他们之间的区别是什么？对于同一样品，他们的数值大小如何？

项目10
水中Fe^{2+}、Mn^{2+}、Cr^{6+}的测定

【项目概述】

在众多的水体污染中，重金属污染占了相当大的比重，且重金属容易在生物链中富集和扩大，并且有较强的毒性，因此水中重金属超标对生态环境和人类健康产生了重大的危害。那么常见的重金属的存在形式有哪些？毒性如何？如何来检测？这就是我们要学习的。

任务 10.1　邻菲罗啉比色法测定 Fe^{2+}

【任务描述】

二价铁能与邻菲罗啉反应生成橙红色络合物，在波长 510nm 范围处测量吸光度，用工作曲线法测定未知水样中二价铁的含量。在工作曲线的绘制基础上，经讲解了解水体中铁的来源及邻菲罗啉比色法测定二价铁的原理，并根据国家环境水质检测的标准方法（邻菲罗啉分光光度法）对现有水样进行二价铁测定，测定过程中严格遵守操作规范并做好数据记录。

【学习支持】

一、所用试剂和设备

1. 试剂

（1）铁的标准贮备液：准确称取 0.7020g 硫酸亚铁铵 $(NH_4)_2Fe(SO_4)_2 \cdot 6H_2O$，将其溶于 50ml 的（1+1）硫酸中，充分搅拌溶解后，转移至 1000ml 容量瓶中，容量瓶加水至标线后摇匀。此溶液的含铁量为 100μg/ml。

（2）铁标准使用液：准确移取铁标准贮备液 25ml，将其置于 100ml 的容量瓶中，容量瓶加水至标线后摇匀。此溶液的含铁量为 25μg/ml。

(3) (1+3) 盐酸：为 1 体积浓盐酸和 3 体积水混合。

(4) 10%盐酸羟胺溶液：准确称取 10g 盐酸羟胺将其溶解于 100mL 水中。

(5) 缓冲溶液：准确称取 40g 乙酸铵入到加 50ml 冰乙酸中，转移至 100ml 容量瓶中，容量瓶加水至标线后摇匀。

(6) 0.5%邻菲啰啉水溶液：准确称取 0.5 克邻菲啰啉于水中溶解，若溶解困难可以加数滴盐酸帮助溶解，然后将其转移至 100ml 容量瓶中，容量瓶加水至标线后摇匀。

2. 仪器

(1) 分光光度计。

(2) 分析天平：精度±0.001g。

(3) 锥形瓶：150mL。

(4) 移液管：5、10、50mL。

(5) 比色皿：10mm。

(6) 具塞比色管：50mL。

(7) 洗耳球。

二、注意事项

(1) 由于每批试剂的铁含量如不同，因此每次新配一次试液，都需要重新绘制校准曲线。

(2) 含有 CN^- 或 S^{2-} 离子的水样在进行酸化时。必须小心进行，因为会产生有毒气体。

(3) 如果水样含铁量比较高，可以进行适当稀释；若浓度低时也可换用 30mm 或 50mm 的比色皿。

【任务实施】

一、校准曲线的绘制

1. 工作液的配制：用移液管一次移取铁标准使用液 0、2.00、4.00、6.00、8.00、10.0ml 分别置于 6 支 150ml 锥形瓶中，加入蒸馏水至 50.0ml；

2. 药剂的投加：向锥形瓶中加入 (1+3) 盐酸 1ml，10%盐酸羟胺 1ml，再放入玻璃珠 1～2 粒。将锥形瓶加热煮沸至溶液剩 15ml 左右时，冷却至室温，然后定量转移至 50ml 具塞比色管中。加一小片刚果红试纸，滴加饱和乙酸钠溶液至试纸刚刚变红，加入 5ml 缓冲溶液、0.5%邻菲啰啉溶液 2ml，加水至标线，摇匀；

3. 比色定量：将上述溶液显色 15min 后，用 10mm 比色皿，以纯水为参比，在 510nm 处测量各管的吸光度并记录下来；

4. 工作曲线的绘制：以铁离子浓度为横轴，吸光度为纵轴作 6 个标准点的标准曲线。

二、亚铁的测定

1. 采样：将 2ml 盐酸放如 100ml 具塞水样瓶内，将水样注满样品瓶，塞好瓶塞防止氧化，一直保存到进行显色和测量（最好现场测定或现场显色）；

2. 药剂的投加：取适量水样于50ml具塞比色管中，加入5ml缓冲溶液和2ml0.5%邻菲啰啉溶液，加水至标线，摇匀；

3. 比色定量：显色5～10min后，在510nm处以水为参比测量吸光度，并作空白校正；

4. 查询Fe^{2+}浓度：然后根据样品的吸光度在标准曲线中查得样品的Fe^{2+}浓度。

三、数据记录

在510nm处测量各标准溶液的吸光度并记录下来。

四、铁浓度的计算：

$$铁（Fe^{2+}，mg/L）=\frac{m}{V} \tag{10-1}$$

式中：m——校准曲线中查询的铁的含量，单位为微克（μg）；

V——水样的体积，单位为毫升（mL）。

【评价】

一、过程评价（表10-1）

表10-1

项目	准确性		规范性	得分	备注
	独立完成	老师帮助下完成			
玻璃器皿的洗涤					
工作液的配制					
药剂的投加					
水样的量取					
分光光度计的使用					
标准色列的配制					
吸光度的测量					
铁浓度计算					
综合评价：				综合得分：	

二、过程分析

1. 配制各试剂和稀释液，为什么不能用普通蒸馏水？

2. 在工作液配制时，为什么要投加10%盐酸羟胺？

【知识衔接】

一、水中的Fe^{2+}

地壳中铁的含量约为5.6%，分布非常的广，仅次于氧、硅、铝。但天然水体中铁的含量并不高。

实际水样中，铁的存在形态多种多样，可以以水合离子的形态存在，也可以以复杂的无机、有机络合物形式存在，还可以存在于胶体、悬浮物的颗粒物中。除此以外，铁还有两种价态，他的存在可能是二价的，也可能是三价的。若水样暴露于空气中，二价铁极易被氧化为三价的铁，当水样的 pH>3.5 时，还易导致三价铁的水解沉淀。同时样品在保存和运输的过程中，水中细菌的增长也会改变铁的存在形态。因此水样的不稳定性会影响到分析的结果，因此在分析水样前必须进行预处理。

铁是水体中的常见杂质，铁及化合物本身为低毒性的，成人体内约含有 4000mg 的铁，它也是人体必需的营养素。铁对水质的影响主要体现在外观上，含铁量高的水会带黄色，有铁腥味，含铁量高的水洗涤衣物时会染有黄斑。如在印染、纺织、造纸等工业用水时，水中的铁在产品上形成黄斑，影响产品质量，因此这些工业用水的含铁量必须在 0.1mg/L 以下。我国有的城市饮用水在净化过程中使用铁盐，若后续不能使其沉淀完全，会影响水的色度和口感，我国饮用水卫生标准规定，水中含铁量一般不大于 0.3mg/L。那么饮用水中铁的来源主要来自哪些方面呢？以下几种为主要的来源：

（1）天然水中的铁处理后的剩余；

（2）亚铁混凝剂净水时，由于氧化不完全，没有完全沉淀，残留于水中；

（3）由于处理后的水有一定的侵蚀性，且水管中内壁的保护涂料脱落，侵蚀管壁，造成水中含铁量增加；

（4）管道内铁细菌累的微生物大量繁殖等。

二、方法原理

亚铁离子在 pH 值为 3～9 之间的溶液中加热，可以使不溶性的铁溶解，用盐酸羟胺后可将三价铁还原为二价，与邻菲罗啉反应后能生成稳定的橙红色络合物：

$$Fe^{2+}+3C_{12}H_8N_2 \rightarrow Fe(C_{12}H_6N_2)^{2+}$$

此络合物在避光时可稳定半年。测量波长为 510nm，其摩尔吸光系数为 $1.1\times10^4 L\cdot mol^{-1}\cdot mol^{-1}$。本法也可测定三价铁离子及总铁含量。

三、铁的测定方法的选择

铁的测定方法，除了邻菲罗啉比色法以外，还有火焰原子吸收法、等离子发射光谱法和 EDTA 络合滴定法等。其中原子吸收法和等离子发射光谱法操作简单快速，适用于水体和废水样的分析；邻菲罗啉比色法较灵敏，适用于清洁环境水样和轻度污染水的分析；而对于污染严重，含铁量高的废水水样，可以采用 EDTA 络合滴定法，这种方法可以避免高倍数稀释操作所引起的误差。

【思考题】

1. 铁有哪些存在形态？
2. 在测定二价铁离子时可以在水样中加入盐酸羟胺吗？为什么？
3. 饮用水中铁的来源有哪些？

任务 10.2　过硫酸铵比色法测定 Mn^{2+}

【任务描述】

水中的二价锰能与过硫酸铵反应生成红紫色锰酸，在波长 525nm 范围处测量吸光度，用工作曲线法来测定未知水样中锰的含量。在工作曲线的绘制基础上，经讲解了解水体中锰的来源及过硫酸铵比色法测定锰的原理，并根据国家环境水质检测的标准方法（过硫酸铵比色法）对现有的水样进行锰离子的测定，测定过程中严格遵守操作规范并做好数据的记录。

【学习支持】

一、所用试剂和设备

1. 试剂

（1）2%的草酸。

（2）锰标准使用液：用标定好的 0.1N$KMnO_4$ 标准溶液，根据以下公式算出配置 1L 锰标准溶液时所需 $KMnO_4$ 的体积。

$$KMnO_4\ (mL) = \frac{0.91}{KMnO_4\ \text{当量浓度}}$$

取出上式计算出的体积的 $KMnO_4$ 溶液，向其中加入 2mL 浓硫酸，再滴入 2%草酸溶液，边滴边摇匀，直至桃红色完全褪色为止，冷却后将其稀释至 1L。

（3）锰试剂：准确称取 85g 硝酸高汞（或 75g 硫酸高汞），将其溶解于 400mL 浓硝酸和 200mL 蒸馏水中，再加入 200mL85%磷酸和 0.035g 硝酸银，待溶液完全冷却后稀释至 1L。

2. 仪器

（1）分光光度计。

（2）分析天平：精度±0.001g。

（3）锥形瓶：150mL。

（4）移液管：1、2、5mL，50mL。

（5）比色皿：10mm。

（6）具塞比色管：50mL。

（7）洗耳球。

二、注意事项

（1）在合适的酸度条件下 2 价锰在被氧化为 7 价锰酸，在此过程中用硝酸溶液来调节酸度，合适的硝酸酸度约为 0.3N，酸度不足，2 价锰易被氧化为二氧化锰，酸度过高，可发生可逆反应，其中亚锰占有优势。

(2) 采样时若是中性水样，锰会以可溶性形式存在，但放置后易氧化为高价的锰或吸附在容器壁上。因此要尽快测定。

(3) 试剂不应含有锰，每次在配备锰试剂和过硫酸铵时应先进性空白测定。过硫酸铵用完后应该立即旋紧瓶盖，防止试剂吸湿或被污染，从而导致后续试验失败。

(4) 水样中加入锰试剂煮沸后，要稍微冷却后再加入过硫酸铵，防止沸腾时的损失。

(5) 水样加热煮沸时间不宜过长，否则水样蒸发过多，相对酸度会增加，会使部分 7 价锰还原为 2 价，造成红色降低。

【任务实施】

一、校准曲线的绘制

1. 工作液的配制：用移液管一次移取铁标准使用液 0、0.25、0.50、1.00、2.00、5.00ml 分别置于 6 支 150ml 锥形瓶中，加入蒸馏水至 50.0ml；

2. 药剂的投加：向锥形瓶中加入 5mL 锰试剂后加热煮沸，稍微冷却后加入 1g 过硫酸铵固体，继续煮沸 2 分钟后冷却；

3. 比色定量：将上述溶液倒入 50mL 比色管中，加蒸馏水稀释至刻度，以纯水为参比，在 525nm 处测量各管的吸光度并记录下来；

4. 工作曲线的绘制：以锰离子浓度为横轴，吸光度为纵轴作 6 个标准点的标准曲线。

二、锰的测定

1. 采样：取 50mL 水样于 150mL 锥形瓶中；

2. 药剂的投加：向锥形瓶中加入 5mL 锰试剂后加热煮沸，稍微冷却后加入 1g 过硫酸铵固体，继续煮沸 2 分钟后冷却；

3. 比色定量：将上述溶液倒入 50mL 比色管中，加蒸馏水稀释至刻度，以纯水为参比，在 525nm 处测量各管的吸光度并记录下来；

4. 查询锰浓度：然后根据样品的吸光度在标准曲线中查得样品的锰离子浓度。

三、数据记录

在 525nm 处测量各标准溶液的吸光度并记录下来。

四、锰浓度的计算：

$$锰(Mn,mg/L) = \frac{m}{V} \times 1000 \qquad (10\text{-}2)$$

式中：m——校准曲线中查询的锰的含量，单位为毫克（mg）；

V——水样的体积，单位为毫升（mL）。

【评价】

一、过程评价（表 10-2）

表 10-2

项目	准确性		规范性	得分	备注
	独立完成	老师帮助下完成			
玻璃器皿的洗涤					
工作液的配制					
药剂的投加					
水样的量取					
分光光度计的使用					
标准色列的配制					
吸光度的测量					
锰离子浓度计算					
综合评价：				综合得分：	

二、过程分析

1. 硝酸溶液将溶液酸度调节到多少合适？若酸度不合适会有什么后果？
2. 溶液加热煮沸后为什么要稍微冷却后才能再加过硫酸铵？

【知识衔接】

一、水中的锰

锰为人体新陈代谢必不可少的微量元素，人体可以从植物性食品中摄取。地表水和地下水中的锰几乎和铁是伴生的，水体中含有锰对人体并没有太大的影响，对水质的影响主要是经氧化后会有很高的色度，锰主要产生的影响体现在以下几方面：

（1）含锰高的水在洗涤衣物和器皿时会使其上具有黄褐色斑点，同时水有铁腥味。

（2）在工业用水上影响产品质量。

（3）给水管管壁有铁、锰沉淀物，可使输水量降低，当水压或水流方向发生变化时，出水中会含有铁、锰的沉淀物，从而使水变为黄色或黑色。

（4）在净水中，会使过滤沙砾胀大，过滤后的水若有氧化锰存在，会造成余氯假色以及污浊离子交换树脂，使离子树脂的交换能力降低。我国饮用水卫生标准规定，含锰量需低于 0.1mg/L。

二、方法原理

2 价锰在适当的酸度和煮沸的条件下，并在银离子的催化作用下，可被过硫酸铵氧化为 7 价的锰酸，同时产生显色反应，生成红紫色，再进行比色定量。

$$2Mn(HCO_3)_2+4HNO_3 \longrightarrow 2MnNO_3+2CO_2+4H_2O$$

$$2Mn(NO_3)_2+5(NH_4)_2S_2O_8+8H_2O \longrightarrow 5(NH_4)_2SO_4+2HMnO_4+5H_2SO_4+4HNO_3$$

本方法在测定时加入了锰试剂，其成分为硝酸、磷酸、硝酸根和硝酸高汞。其中硝酸是为了调节溶液酸性，硝酸银是起催化作用，硝酸高汞是消除水样中氯化物的干扰，磷酸是防止锰在氧化时生成二氧化锰，磷酸浓度在 0.1M 以上时，可与高铁形成络合物，避免高铁的黄色影响比色。

【思考题】

1. 在过硫酸铵比色法中是将锰氧化为多少价位的锰？
2. 请写出过硫酸铵比色法的反应原理方程式？
3. 锰对水体有哪些影响？

任务 10.3　二苯碳酰二肼比色法测定 Cr^{6+}

【任务描述】

六价铬能与邻菲罗啉二苯碳酰二肼在酸性条件下反应，生成紫红色化合物，在波长 540nm 范围处测量吸光度，用工作曲线法测定未知水样中六价铬的含量。在工作曲线的绘制基础上，经讲解了解水体中铬的毒性及来源，并根据国家环境水质检测的标准方法（二苯碳酰二肼比色法）对现有水样进行六价铬的测定，测定过程中严格遵守操作规范并做好数据记录。

【学习支持】

一、所用试剂和设备

1. 试剂

（1）（1+1）硫酸：将浓硫酸缓慢加入到同等体积的水中，然后混合均匀。

（2）（1+1）磷酸：将浓磷酸加入到同等体积的水中，混合均匀。

（3）铬标准贮备液：准确称取于 120℃干燥 2h 的重铬酸钾（$K_2Cr_2O_7$）0.2829g，用水溶解后，移入 1000ml 容量瓶中，用水稀释至标线后摇匀。

（4）铬标准溶液：吸取 5.00ml 铬标准贮备液；置于 500ml 容量瓶中，用水稀释至标线，摇匀。每毫升溶液含 1.00μg 六价铬，使用时需要当天配制。

（5）显色剂：称取二苯碳酰二肼（$C_{13}H_{14}N_4O$）0.2g，溶于 50ml 丙酮中，加水稀释至 100ml，摇匀。贮于棕色瓶置冰箱中保存。色变深后不能使用。

2. 仪器

（1）分光光度计。

（2）分析天平：精度±0.001g。

（3）锥形瓶：150ml。

（4）移液管：5mL，10mL，50mL。

(5) 比色皿：10mm。

(6) 具塞比色管：50ml。

(7) 洗耳球。

二、注意事项

(1) 实验前所有的玻璃器皿，在清洗时不能使用重铬酸钾，可以使用硝酸、硫酸等混合液洗涤，洗涤后要冲洗干净。玻璃器皿内壁要清洗光洁，以防铬被吸附。

(2) 铬标准溶液有两种浓度，其中 1μg/mL 的六价铬标准溶液适用于低浓度的水样，若为高浓度的水样应该采用另一浓度的铬标准溶液。

(3) 二苯碳酰二肼在与六价铬反应时，显色的酸度应该控制在 0.05～0.3mol/L，0.2mol/L 时显色效果最佳。

【任务实施】

一、校准曲线的绘制

1. 工作液的配制：用移液管一次移取铬标准溶液 0、2.00、4.00、6.00、8.00、10.0ml 分别置于 6 支 50ml 比色管中，用水稀释至标线；

2. 药剂的投加：向比色管中分别加入 0.5ml (1+1) 硫酸溶液和 0.5ml (1+1) 磷酸溶液，然后摇匀；

3. 比色定量：加入 2ml 显色剂后摇匀，5～10min 后，于 540nm 波长处，用 10mm 比色皿，以水作参比，测量各管的吸光度并记录下来；

4. 工作曲线的绘制：以六价铬离子浓度为横轴，吸光度为纵轴作 6 个标准点的标准曲线。

二、样品的测定

1. 采样：取适量（含六价铬少于 50μg）无色透明水样，将其置于 50ml 比色管中，用水稀释至标线；

2. 药剂的投加：向比色管中加入 0.5ml(1+1) 硫酸溶液和 0.5ml(1+1) 磷酸溶液，然后摇匀；

3. 比色定量：加入 2ml 显色剂后摇匀，5～10min 后，于 540nm 波长处，用 10mm 比色皿，以水作参比，测定水样吸光度并作空白校正；

4. 查出 Cr^{6+} 浓度：从校准曲线上查出六价铬的含量。

三、数据记录

在 540nm 处测量各标准溶液的吸光度并记录下来。

四、六价铬离子浓度计算：

$$\text{六价铬}\ (Cr^{6+},\ mg/L)=\frac{m}{V} \qquad (10\text{-}3)$$

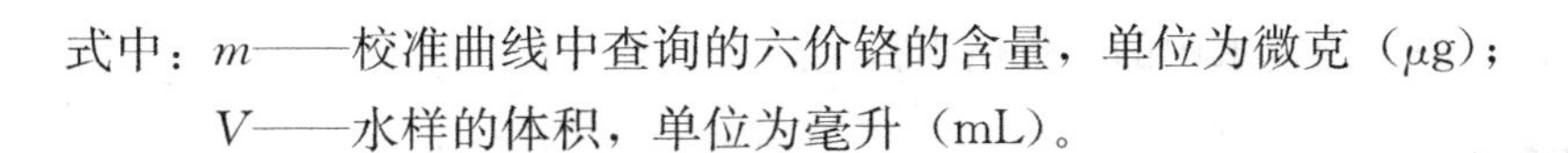

式中：m——校准曲线中查询的六价铬的含量，单位为微克（μg）；

V——水样的体积，单位为毫升（mL）。

【评价】

一、过程评价(表 10-3)

表 10-3

项目	准确性		规范性	得分	备注
	独立完成	老师帮助下完成			
玻璃器皿的洗涤					
工作液的配制					
药剂的投加					
水样的量取					
分光光度计的使用					
标准色列的配制					
吸光度的测量					
六价铬离子浓度计算					
综合评价：				综合得分：	

二、过程分析

1. （1+1）硫酸的配制过程中为什么要将浓硫酸缓慢加入到水中，可以反过来操作吗？

2. 二苯碳酰二肼与六价铬反应后成什么颜色？显色时的酸度范围是多少？

【知识衔接】

一、水中的铬

铬是一种银白色有光泽、硬脆的金属，由于它有耐热、耐腐蚀和耐磨等性能，因此常被用于其他金属表面镀铬，使其经久耐用，也有用来制造铬钢和镍铬钢合金。

自然界中铬的化合物有二价、三价和六价等价态，其中二价铬不稳定，很少存在，三价铬为绿或紫色，六价铬为黄色或深黄色。水体中，六价铬一般以 $CrO_4{}^{2-}$、$Cr_2O_7{}^{2-}$、$HCrO_4{}^{-}$ 三种离子的形式存在，受水中 pH 值、有机物、氧化还原物质、温度以及硬度等条件影响，三价铬和六价铬的化合物之间可以相互转化。

铬是生物体所必需的微量元素之一。铬的毒性与其存在价态有关，通常六价铬的毒性比三价铬高 100 倍，六价铬更易通过皮肤、呼吸道或胃肠道被人体吸收，并且在体内蓄积，从而导致癌症。因此我国已把六价铬规定为实施总量控制的指标之一。但即便是六价铬，不同化合物其毒性也并不相同。当水中六价铬浓度为 1mg/L 时，水呈淡黄色并有涩味；三价铬浓度为 1mg/L 时，水的浊度明显增加，三价铬化合物对鱼的毒性比六价铬大。

我国饮用水标准中，规定水中的六价铬不得超过0.05mg/L。

二、方法原理

在酸性条件下，六价铬与二苯碳酰二肼反应，生成紫红色化合物，其最大吸收波长为540nm，摩尔吸光系统系数为4×104L/(mol·cm)。

三、铬的测定方法的选择

铬的测定方法，除了二苯碳酰二肼分光光度法以外，还有原子吸收分光光度法、等离子发射光谱法和滴定法等。在进行铬的测定时，若是清洁水样则可以直接使用二苯碳酰二肼分光光度法来测定六价铬。如测量总铬，则用高锰酸钾将三价铬氧化成六价铬，再用二苯碳酰二肼分光光度法测定。若水样含铬量高时，则采用硫酸亚铁铵进行滴定。

二苯碳酰二肼分子式为C_6H_5（$C_6H_5NH)_2CO$，为一种白色结晶粉末，放置之后逐渐变为桃红色，微溶于水，溶于热醇、丙酮、冰醋酸中。本方法在测定六价铬时，最低检测量为0.2μg，如水样体积为50ml时，则最低检出Cr^{6+}浓度为0.004mg/L。

【思考题】

1. 在测量总铬时，高锰酸钾的作用是什么？
2. 简述铬的毒性？

项目11
水中余氯的测定

【项目概述】

我国生活饮用水标准规定：集中式供水出厂水游离性余氯含量不应低于0.3mg/L，管网末梢水不应低于0.05mg/L，出厂水总氯含量不应低于0.5mg/L，管网末梢水不应低于0.05mg/L。那什么是余氯？余氯有哪些形式？如何来测定水中的余氯？这就是我们要学习的。

任务 11.1　邻联甲苯胺比色法测定水中余氯

【任务描述】

根据国家生活饮用水规范和环境水质检测的标准方法（邻联甲苯胺比色法）对现有水样进行余氯测定，测定过程中严格遵守操作规范并做好数据记录。

【学习支持】

一、余氯测定原理

在 pH 值小于 1.8 的酸性溶液中，余氯与邻联甲苯胺反应，生成黄色的醌式化合物，如图 11-1 所示，用目视法进行比色定量；还可用重铬酸钾一铬酸钾溶液配制的永久性余氯标准溶液进行目视比色。

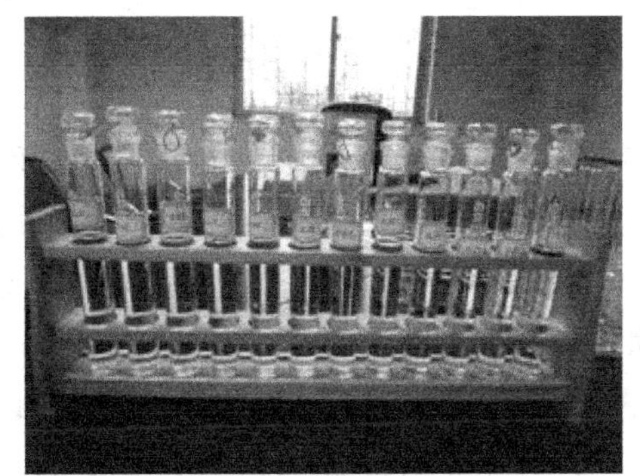

图 11-1　目视比色

二、所用试剂和设备

1. 试剂

（1）光学纯水。

（2）磷酸盐缓冲溶液。

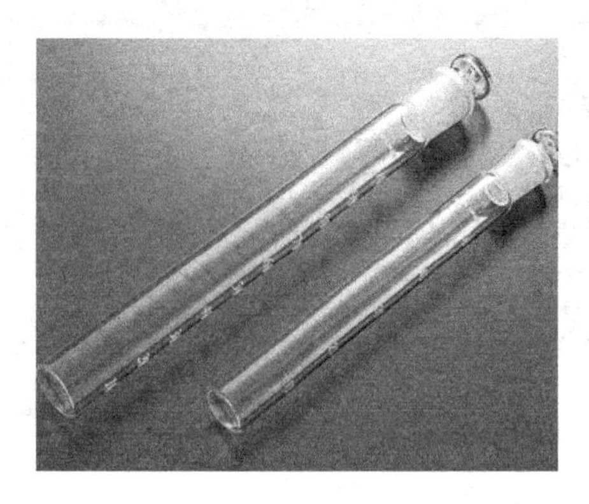

图 11-2　具塞比色管

(3) 重铬酸钾-铬酸钾溶液。

(4) 邻联甲苯胺溶液。

(5) 浓盐酸。

2. 仪器

(1) 具塞比色管：50mL（图 11-2）。

(2) 容量瓶：1000mL（图 11-3）。

(3) 移液管：2、5、10、20、25、50mL。

(4) 量筒：250、500mL。

(5) 分析天平：精度±0.001g（图 11-4）。

(6) 洗耳球。

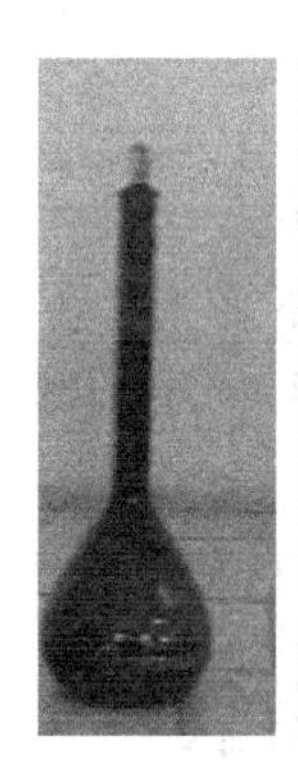

图 11-3　容量瓶

图 11-4　电子天平

三、注意事项

1. 本法适用于测定生活饮用水及其水源水的总余氯及游离余氯。

2. 试剂应为分析纯，纯水应为光学纯水。

3. 水样的温度为 15～20℃，如低于此温度，应将水样放入温水浴中，使温度提高到 15～20℃，立即比色，测得游离性余氯和总余氯。

4. 比色时，介于两个标准色列之间时，取中间值。

5. 水中含有悬浮物质时会影响测定结果，可用离心法去除。干扰物质的最高允许含量如下：高价铁：0.2mg/L；四价锰：0.01mg/L；亚硝酸盐：0.2mg/L。

6. 水样有色或浑浊，可作空白调零以抵消其影响。

7. 本法最低检测浓度为 0.01mg/L 余氯，最高为 4.5mg/L。

【任务实施】

一、磷酸盐缓冲贮备溶液及缓冲液的配制

1. 称重：将无水磷酸氢二钠（Na_2HPO_4）和无水磷酸二氢钾（KH_2PO_4）置于 105℃烘箱内 2h，冷却后，分别称取 22.86g 和 46.14g。

2. 溶解：将称取的两种试剂共溶于纯水中。

3. 定容：用纯水将溶解好的药剂定容至 1000ml，至少静置 4d，使其中胶状杂质凝聚沉淀，过滤。

4. 稀释：吸取 200.0ml 磷酸盐缓冲贮备溶液，加纯水稀释至 1000ml，配制磷酸盐缓冲溶液（pH6.45）。

二、重铬酸钾-铬酸钾溶液的配制

1. 称重：称取 0.1550g 干燥的重铬酸钾（$K_2Cr_2O_7$）及 0.4650g 铬酸钾（K_2CrO_4）。

2. 溶解：将称取的两种试剂溶于磷酸盐缓冲溶液中。

3. 定容：用纯水将溶解好的药剂定容至 1000ml，此溶液所产生的颜色相当于 1mg/L 余氯与邻联甲苯胺所产生的颜色。

三、邻联甲苯胺溶液的配制

1. 称重：称取 1.35g 二盐酸邻联甲苯胺〔$(C_6H_3CH_3NH_3)2 \cdot 2HCl$〕。

2. 溶解：将称取的药剂溶于 500ml 纯水中。

3. 定容：用用 150mL 浓盐酸与 350mL 纯水的混合液将溶解好的药剂定容至 1000mL，盛于棕色瓶内，室温下保存。

四、余氯标准比色溶液的配制

取比色管 13 支，按表 11-1 所示数量吸取重铬酸钾-铬酸钾标准溶液，分别注入 50ml 刻度具塞比色管中，用磷酸盐缓冲溶液稀释至 50ml 刻度，摇匀，制成 0.01～1.0mg/L 永久性余氯标准比色管。避免日光照射，可保存 6 个月。若水样余氯大于 1mg/L，则需将重铬酸钾-铬酸钾溶液的量增加 10 倍，配成相当于 10mg/L 余氯的标准色，再适当稀释，即为所需的较浓余氯标准色列。

◆永久性余氯标准比色溶液的配制　　表 11-1

余氯（mg/L）	重铬酸钾-铬酸钾溶液（mL）	余氯（mg/L）	重铬酸钾-铬酸钾溶液（mL）
0.01	0.5	0.50	25.0
0.03	1.5	0.60	30.0
0.05	2.5	0.70	35.0
0.10	5.0	0.80	40.0
0.20	10.0	0.90	45.0
0.30	15.0	1.00	50.0
0.40	20.0		

五、取样

取配制永久性余氯标准比色管用的同型 50mL 比色管，放入 2.5mL 邻联甲苯胺溶液，再加入澄清水样至 50.0mL，混合均匀。水温如低于 15～20℃，应先将水样管放入温水浴中，使温度提高到 15～20℃。

六、比色

水样与邻联甲苯胺溶液接触后，立即进行比色，所得结果为游离性余氯；放置 10min 后，再进行比色，所得结果为总余氯。总余氯减去游离性余氯等于化合性余氯。

如余氯浓度很高，会产生橘黄色。若水样碱度过高而余氯浓度较低时，将产生淡绿色或淡蓝色，此时可多加 1ml 邻联甲苯胺溶液，即产生正常的淡黄色。

七、数据记录

记录与水样色度相同的余氯标准比色溶液的浓度。

【评价】

一、过程评价(表 11-2)

表 11-2

<table>
<tr><th colspan="2" rowspan="2">项目</th><th colspan="2">准确性</th><th rowspan="2">规范性</th><th rowspan="2">得分</th><th rowspan="2">备注</th></tr>
<tr><th>独立完成</th><th>老师帮助下完成</th></tr>
<tr><td rowspan="3">磷酸盐缓冲贮备溶液及缓冲液的配制</td><td>称重</td><td></td><td></td><td></td><td></td><td></td></tr>
<tr><td>溶解</td><td></td><td></td><td></td><td></td><td></td></tr>
<tr><td>定容</td><td></td><td></td><td></td><td></td><td></td></tr>
<tr><td rowspan="3">重铬酸钾-铬酸钾溶液的配制</td><td>称重</td><td></td><td></td><td></td><td></td><td></td></tr>
<tr><td>溶解</td><td></td><td></td><td></td><td></td><td></td></tr>
<tr><td>定容</td><td></td><td></td><td></td><td></td><td></td></tr>
<tr><td rowspan="3">邻联甲苯胺溶液的配制</td><td>称重</td><td></td><td></td><td></td><td></td><td></td></tr>
<tr><td>溶解</td><td></td><td></td><td></td><td></td><td></td></tr>
<tr><td>定容</td><td></td><td></td><td></td><td></td><td></td></tr>
<tr><td colspan="2">余氯标准比色溶液的配制</td><td></td><td></td><td></td><td></td><td></td></tr>
<tr><td colspan="2">取样</td><td></td><td></td><td></td><td></td><td></td></tr>
<tr><td colspan="2">比色</td><td></td><td></td><td></td><td></td><td></td></tr>
<tr><td colspan="2">数据记录</td><td></td><td></td><td></td><td></td><td></td></tr>
<tr><td colspan="5">综合评价：</td><td colspan="2">综合得分：</td></tr>
</table>

二、过程分析

1. 为什么要调整水样温度？
2. 如碱度过高或余氯浓度过低应如何处理？
3. 如水中有悬浮物如何处理？
4. 如何消除水中色度和浊度对余氯测量的影响？

任务 11.2　DPD 余氯测定仪测定水中余氯

【任务描述】

DPD 余氯测定仪采用 DPD 法，应用光电比色检测原理取代传统的目视比色法。适用于大、中、小型水厂及工矿企业、游泳池等地的生活或工业用水的余氯、总氯浓度检测，以便控制水的余氯、总氯达到规定的水质标准。

【学习支持】

一、DPD 余氯测定原理

被测水样放入 DPD 游离余氯粉时，水样将变成红色，将水样放入光电比色座，仪器会通过比较红色深浅从而得到余氯的浓度大小。

二、所用试剂和设备

1. 试剂

DPD 游离余氯粉。

2. 仪器

便携式余氯仪。

三、注意事项

1. 加入 DPD 试剂，盖上橡胶塞后充分摇动，使试剂溶解；
2. 比色瓶插入槽前必须擦净表面；
3. 比色瓶插入槽中必须静止 30s（使样品中的气泡排除、固体颗粒沉降）后测量；
4. 比色瓶插入槽中必须锁定，使比色瓶定位，并防止杂散光进入；
5. 为保证测量精度，调零与测量样品应使用同一比色瓶；
6. 测量结束后必须立即洗净比色瓶和橡胶塞，以防止沾污和腐蚀比色瓶；
7. 若固体或溶液进入比色瓶槽中，必须擦净后再放入比色瓶；
8. 当连续按"浓度"键，若出现读数增加或读数不稳定时，说明电池电压不足，应该更换电池后重新测定。

【任务实施】

一、调零

1. 准确量取被测样品至比色瓶刻线处（10ml），旋紧定位器；
2. 将比色瓶放入瓶槽中，面对"◇"标志，小心地将仪器帽盖上；
3. 按"开/关"键打开仪器，按"调零"键，出现"0.00"（空白调零已完成）。

二、测余氯

1. 向该比色瓶中加入 DPD 游离余氯粉，盖上盖，轻轻摇晃，显色 3 分钟；
2. 盖上仪器帽，按下"浓度"键，测出游离余氯值。

【评价】

一、过程评价（表 11-3）

表 11-3

项目		准确性		规范性	得分	备注
		独立完成	老师帮助下完成			
调零	量取被测样品					
	放入比色槽中					
	调零					
读数	加入 DPD 试剂					
	读数					
数据记录						
综合评价：					综合得分：	

二、过程分析

1. 影响检测精度的因素有哪些？
2. 2 种余氯检测方法各有什么优缺点？

【知识衔接】

一、氯气

1. 氯气的物理性质

氯是一种具有强烈刺激性气味的黄绿色有毒气体。标准状态下密度 $\rho=3.21kg/m^3$，是空气的 2.5 倍。熔沸点较低，常温常压下，熔点为－101.00℃，沸点－34.05℃，常温下把氯气加压至 600～700kPa 或常压下冷却到－34℃都可以使其变成液氯。液氯是一种油状的液体，其物理性质与氯气不同，但化学性质基本相同。氯气可溶于水，且易溶于有机溶剂。

2. 氯气的化学性质

氯气是一种有毒气体。它主要通过呼吸道侵入人体并溶解在黏膜所含的水分里，生成次氯酸和盐酸，对上呼吸道黏膜造成损伤，所以氯气中毒的明显症状是发生剧烈的咳嗽。症状重时，会发生肺水肿，使循环作用困难而致死亡。1L 空气中最多可允许含氯气 1mg，超过这个量就会引起人体中毒。

氯气具有强氧化性。加热下可与所有金属反应。常温下，干燥氯气或液氯不与铁反应，只能在加热情况下反应，所以可用钢瓶储存氯气（液氯）。

氯气与非金属的反应。与氢气见光爆炸，有白色烟雾，氢气在氯气中爆炸极限是 9.8%～52.8%；与磷点燃有白色烟雾产生。

氯气与水发生歧化反应。氧化剂是 Cl_2，还原剂也是 Cl_2，生成的 $HClO$ 具有强氧化性，它的强氧化性能杀死水里的病菌。

氯气容易与可燃气体发生反应。Cl_2 的化学性质比较活泼，容易与多种可燃性气体发生反应。如：CH_4、H_2、C_2H_2 等。

3. 氯气的用途

氯气的用途广泛，多用于自来水消毒，制盐酸，工业用于制漂白粉或漂粉精，制多种农药（如六氯环己烷，俗称 666），制氯仿、四氯化碳等有机溶剂，制塑料（如聚氯乙烯塑料）等，制备多种消毒剂等。

4. 氯的危害

氯，作为一种有效的杀菌消毒手段，仍被世界上超过 80%的水厂使用着。市政自来水中必须保持一定量的余氯，以确保饮用水的微生物指标安全。但是，当氯和有机酸反应，就会产生许多致癌的副产品，比如三卤甲烷等。超过一定量的氯，本身也会对人体产生许多危害，且带有难闻的气味，俗称"漂白粉味"。长期饮用和使用氯超标的水，会造成慢性中毒，主要表现为神经衰弱综合征、肝脏损伤、消化功能障碍、肢端溶骨症、皮肤损伤等。

消化系统。食欲不振、恶心、呃逆、腹胀、便秘、肝肿大、肝功能异常。

皮肤改变。有皮肤干燥、皲裂、丘疹、粉刺，或有手掌角化、指甲变薄等改变。

致癌。氯乙烯致肝血管肉瘤已列为国家法定职业病名单。

二、余氯

余氯是为了抑制水中残留细菌的再度繁殖而在消毒处理后水中维持的剩余氯量。余氯有三种形式：总余氯（包括 $HOCl$、OCl^- 和 $NHCl_2$ 等）、化合性余氯（包括 NH_2Cl、$NHCl_2$ 及其他氯胺类化合物）、游离性余氯（包括 $HOCl$ 及 OCl^- 等）。游离余氯是生活饮用水卫生标准中一项非常重要的消毒剂指标，也是各水厂日常必须检测项目之一。

余氯测定方法

余氯是一种消毒剂残留，长期过量的饮用余氯超标的水并不利于人体健康，要定期检测水中余氯的含量。目前，快速检测余氯的方法主要 4 种。

1. DPD 余氯测定试剂盒。采用国家标准要求中的 DPD 原理进行检测，属于半定量检测。通常检测的范围 0.05—0.1—0.2—0.3—0.4—0.5—0.7—1.0ppm（mg/L），大致确定水中余氯的余氯含量，适用于快速检测饮用水、自来水等生活饮用水。

2. 余氯测定试纸。与 DPD 余氯试剂盒采用的原理是一样，同样属于半定量检测，检测的范围 0.3—0.5—1—3—5—7—10ppm，适用于游泳池、污水处理等用水。

3. 便携式余氯检测仪。采用国家标准要求中的分光光度法进行检测，属于定量检测，可以直接读取数值，通常的范围为 0～3.00ppm，精确度 0.05 左右，适用于各种水质检测，可以便携式移动，比较方便。

4. 在线余氯检测仪。测量原理是电解液和渗透膜把电解池和水样隔开，渗透膜可以选择性让 ClO^- 穿透；在两个电极之间有一个固定电位差，生成的电流强度可以换算成余氯浓度。量程通常是 0～100ppm，自动化精确测量。但成本相对很高昂，一般适用于大型水务集团公司。

【思考题】

1. 什么是余氯？余氯有几种形式？

2. 常用的余氯测定方法有几种？

项目12 水的浊度测定

【项目概述】

生活饮用水的浊度是自来水厂出水水质要求的一个主要参数。一般自来水厂对水处理各个环节都需要进行浊度检测，特别是出水部分更需要进行在线浊度测量仪表。同时浊度也是污水处理厂对出水水质要求的重要参数之一，是工业水处理（除盐水）检验水质要求的一个重要参数。浊度还是水环境监测时必需测量的重要参数之一，根据浊度的大小往往而已直接判断出水环境污染的程度。那什么是浊度？水中浊度产生的原因？如何来测定水中的浊度？这就是我们要学习的。

任务 12.1 福尔马肼标准溶液的配制

【任务描述】

精确配制福尔马肼标准液，是保证浊度测量结果准确性的重要技术。

【学习支持】

一、所用试剂和设备

1. 试剂

（1）零浊度水。

（2）六次四基四胺。

（3）硫酸肼（硫酸联胺）。

2. 仪器

（1）容量瓶：50、100mL 散射光浊度仪。

（2）移液管：5、10、15、20、25mL。

（3）分析天平。

（4）洗耳球。

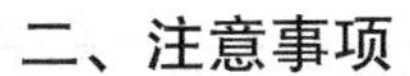

二、注意事项

1. 精确配制福尔马肼标准液，是保证浊度测量结果准确性的重要技术。注意配制标准液的每个步骤，均匀的摇晃原液，准确的移液，倒入零浊度液应注意刻度，低浊度的标准液应选用大容量的量瓶，以降低配制误差。

2. 选择校正用的标准液，含量应选用所测量程满量程值为宜，且定标前应充分摇匀。对于低浊度测定及较高精度的测量应考虑样瓶间的差异，必须使用同一样瓶进行定标及检测。校零时应选用零浊度水，要求不高时，可采用蒸馏水。

【任务实施】

一、配制福尔马肼标准贮备液

1. 称重：分别称取 10.00g 六次甲基四胺和 1.000g 硫酸肼。

2. 溶解：将称取的两种试剂分别溶于少量零浊度水中。

3. 定容：用零浊度水将溶解好的药剂分别定容至 100mL，摇匀。

4. 配制福尔马肼标准贮备液：移取 5.00mL 六次甲基四胺液和 5.00mL 硫酸肼液于 100mL 容量瓶中，摇匀后在（25±3)℃下静置 24h，然后稀释至刻度。此标准贮备液的浊度为 400FNU。此标准贮备液在（25±3)℃的暗处保存，可稳定使用 4 周。

二、配制福尔马肼标准对照液

量取福尔马肼标准贮备液 5.0、10.0、12.5、15.0、25.0mL 分别置于 5 只 50mL 容量瓶中，用零浊度水稀释至刻度，摇匀。它们的浊度分别为 40、80、100、120、200FNU。经稀释配制好的浊度值小于 200FNU 的标准液不能长期保存，应随配随用。当溶液中出现明显颗粒时，说明已失效。配制公式 12-1。

$$A = \frac{K \times B}{C} \tag{12-1}$$

式中：A——吸取原液量（mL）；

B——需配溶液浓度（FNU）；

C——原液浓度（FNU）；

K——总配置量（mL）。

【评价】

一、过程评价(表 12-1)

表 12-1

项目		准确性		规范性	得分	备注
		独立完成	老师帮助下完成			
福尔马肼贮备液的配制	称重					
	溶解					
	定容					
	配制福尔马肼标准贮备液					

续表

项目		准确性		规范性	得分	备注
		独立完成	老师帮助下完成			
福尔马肼标准液的配制	量取贮备液					
	稀释					
	定容					
结束工作						
综合评价：					综合得分：	

二、过程分析

1. 零浊度水质量对校零的影响是什么？
2. 标准液保存方法、时间的影响是什么？

任务 12.2　散射式浑浊度仪测定浊度

【任务描述】

根据国家生活饮用水规范和环境水质检测的标准方法（散射光浊度仪法）对现有水样进行浊度测定，测定过程中严格遵守操作规范并做好数据记录，根据测定结果推断水处理效果。

【学习支持】

一、浊度测定原理

硫酸肼-六次甲基四胺溶液能定量地缔合为不溶于水的大分子盐类而使水产生浑浊，以此为浊度标准溶液与水样对照从而确定水样的浊度。（a 测定原理：90°散射光）

二、所用试剂和设备

1. 试剂

福尔马肼标准液。

2. 仪器

散射光浊度仪。

三、注意事项

1. 本法适用于测定生活饮用水及其水源水的浊度。
2. 试剂应为分析纯，浊度仪零点调整用零浊度水。
3. 当测定色度较大的水样时，要用慢速定量滤纸或孔径为 2～5μm 的玻璃砂芯漏斗过滤水样，然后测定该过滤后水样的浊度。再从未经过滤的水样的浊度值中减去过滤后水样的浊度值，即为被测水样的浊度。
4. 采集来的水样应立即测定，最多不得超过 24h。
5. 样瓶必须清洗干净，避免擦伤留下划痕。用洗涤剂清洗样瓶内外后用蒸馏水反复漂洗，在无尘干燥箱内干燥。如使用的时间较长，用稀盐酸浸泡两小时后用蒸馏水反复漂洗。拿取样瓶时只能拿瓶体上半部分，避免指印进入光路。

6. 采样后要及时测量，避免温度变化及颗粒沉降引起的测量结果不准确。

7. 水样必须充分混匀，避免沉降及较大颗粒的影响。应去除样瓶中的气泡。测量温度较低的水样时，样瓶瓶体会发生冷凝水滴，因此测量前必须使水样的温度结近室温，然后再擦干净瓶体的水迹。

8. 测量时不仅要考虑样瓶的清洁及取样的正确性，同时应保证测量位置的一致性。瓶体的刻度线应与试样座定位线对齐，并盖上遮光盖，避免杂散光影响。测量时由于颗粒物质的漂动，显示数值会出现来回变化，可以稍等一段时间，数值稳定下来再读数。如果水样中的气泡或悬浮杂质过多，可能出现数据一直不稳定，读数应取中间值（即最大显示值和最小显示值的平均）。

【任务实施】

一、调试浊度仪

1. 开启浊度仪的电源开关，预热 30min。

2. 将零浊度水倒入试样瓶内到刻度线，旋上瓶盖，擦净瓶体的水迹及指印（注意不可用手直接拿瓶体，以免留上指印，影响测量精度）。

3. 将装好的零浊度水试样瓶，置入试样座内，并保证试样瓶的刻度线对准试样座的白色定位线，盖上遮光盖。

4. 读数稳定后调节调零旋钮，使显示为零。

5. 将校准用的 100NTU 标准溶液倒入试样瓶，并放入试样座内，调节校正钮，使显示为标准值 100。

6. 重复 3、4、5 步骤，保证零点及校正值正确可靠。

二、数据记录

放入样品试样瓶，等读数稳定后即可记下水样的浊度值。

三、结束工作

结束前用零浊度水冲洗试样瓶三次以上，将浊度值控制在 0.3 以下，方可结束工作。

【评价】

一、过程评价(表 12-2)

表 12-2

项目		准确性		规范性	得分	备注
		独立完成	老师帮助下完成			
调试浊度仪	开机预热					
	调零					
	调满					

续表

项目	准确性		规范性	得分	备注
	独立完成	老师帮助下完成			
数据记录					
结束工作					
综合评价：				综合得分：	

二、过程分析

1. 列举影响浊度测量结果的因素。
2. 复述浊度仪调试的步骤。

【知识衔接】

一、天然水体中的杂质

水体中的杂质，按其颗粒大小不同可以分为三类：悬浮物、胶体和溶解物质。水污染最明显的部分是水中的各种固体物质（表 12-3）。

水体中杂质分类表　　表 12-3

杂质	溶解物	胶体	悬浮物
颗粒尺寸	0.1nm　1nm　10nm	100nm　1μm	10μm　100μm　1mm
外观	透明	浑浊	浑浊

水中悬浮物质大多都可以通过自然沉淀的方法去除，而细微颗粒和胶体颗粒（如泥沙、黏土、藻类及其他微生物、不溶性无机物和有机物等）的自然沉降极其缓慢，他们的存在会阻碍光线透过水层（即通过水体的部分光线会被吸收或散射，而非直接透射），是造成水浊度的根本原因。

二、胶体的基本特性

分散体系是指两种以上的物质混合在一起组成的体系，其中被分散的物质称分散相，在分散相周围连续的物质称为分散介质。水处理工程研究的分散体系中，颗粒尺寸为 1nm 至 0.1μm 的称为胶体溶液。分散相是指那些微小悬浮物和胶体颗粒，它们使光散射造成水的浑浊，分散介质是水。胶体有以下基本特性：

光学性质。胶体颗粒尺寸微小，一般由一个大分子或多个分子组成，可以透过普通履职，在水中能引起光的散射。

布朗运动。由于水分子的热运动撞击，胶体颗粒发生不规则运动，称为布朗运动，是胶体颗粒不能自然沉降的原因之一。

表面性能。胶体颗粒比较微小，其表面积（即单位体积的表面积）较大，所以具有较大的表面自由能，产生特殊的吸附能力和溶解现象。

电泳现象。胶体颗粒在电场作用下发生运动，说明胶体带电，这种移动现象称为电泳。

电渗现象。在电场作用下，液体可以透过多孔性材料的现象，称为电渗。

电泳和电渗都是在外加电场作用下引起的，胶体溶液系统内固、液两相之间产生的相对移动现象，故统称为动电现象。

三、浊度及常用单位

由悬浮颗粒物对光线引起的阻碍程度，可用浊度表示。水的浊度不仅与水中杂质的含量有关，而且与它们的大小、形状及折射系数等有关。

浊度单位使用的种类较多，有德国单位、日本单位、美国单位等等，长期没有得到统一。1984 年国际标准化组织颁布了“ISO7027 水质-浊度的测定”国际标准，规定了浊度标准溶液的配制方法（福尔马肼法）和浊度单位（FNU），对浊度的测定有了可靠的依据。我国与许多国家一样，在浊度测定的标准单位和标准溶液配制上，还未达到规范化，使用的浊度单位有“度”、“mg/L”、“FTU”、“NTU”、“ppm”“FNU”等。现列举将常见的一些浊度单位。

度：国家标准 GB 5750—1985 中的 6.1.2 款定义为“相当于 1mg 一定粒度的硅藻土在 1000mL 水中所产生的浑浊程度称为 1 度”。随着我国技术标准与国际标准的接轨，在水行业基本已不采用“度”这个单位。

mg/L：以不溶性硅（如漂白土、高岭土等）在蒸馏水中所产生的光学阻碍现象为基础，规定 1mg/L 的 SiO_2 所构成的浑浊度单位。也称为“硅单位”，它虽然比较实用，还不够十分严格。传统的进行浊度测定时，往往喜欢使用 mg/L 这一单位。

ppm：1L 水中含有 1g 精制高岭土时，其浊度单位为 1ppm。

FTU：1971 年美国公共卫生协会采用福尔马肼聚合物作为基础，1L 水中含有 1mg 此种物质时，其浊度单位为 1FTU。溶液配制方法同 ISO7027—1984 国际标准。

NTU：指散射浊度单位，表明仪器在与入射光成 90°角的方向上测量散射光强度。1L 水中含有 1mg 的福尔马肼聚合物悬浮物质时，称为一个散射浊度单位，用 1NTU 表示。用于 USEPA 的《方法 180.1》和《水和废水标准检验法》。溶液配制方法与 FTU 相同。

FNU：欧洲 ISO7027 浊度方法，指福尔马肼散射法单位，表明仪器在与入射光成 90°角的方向上测量散射光强度，其测量示值与 NTU 测量值一致。

各种浊度单位之间有什么关系，是浊度测量和校准工作中普遍关心的问题。由于配制溶液所使用的试剂不同，标准浊度单位 ppm 与福尔马肼聚合物标准浊度单位 FNU、NTU、FTU 之间并没有任何对应的线性关系。现世界各国普遍采用再现性和稳定性好的福尔马肼聚合物浊度标准单位，测得的浊度即 FNU（NTU、FTU）。

四、散射光浊度仪

散射光浊度仪是用于测量悬浮于水或透明液体中不溶性颗粒物质所产生的散射程度，并能定量标定这些悬浮物颗粒物质的含量。

散射光浊度仪是光电相结合的精密计量仪器，操作前应仔细阅读使用说明书并通过正确操作才能获得精确的测量结果。散射光浊度仪使用注意事项如下。

1. 使用环境必须符合工作条件。

2. 测量池内必须长时间清洁干燥、无灰尘，不用时须盖上遮光盖。

3. 潮湿气候使用，必须相应延长开机时间。

4. 被测溶液应沿试样瓶小心倒入，防止产生气泡，影响测量准确性。

5. 更换试样瓶或经维修后须重新标定。

为确保仪器的正常使用，要注意日常的维护。

1. 长时间停用时，应定期开机预热，驱除机内的潮气。

2. 贮存或运输期间，应避免高温、低温及潮湿，防止损坏仪器内的光学系统及电气元件。

3. 定期清洗试样瓶及清除试样座内的灰尘，有效地提高测量准确度，清洗时不能划伤玻璃表面。

4. 机内的光学元件不能直接用手触摸，以免影响通光率。维护时，可用脱脂棉沾酒精和乙醚混合液进行擦除表面的灰尘。

【思考题】

1. 散射光浊度仪浊度测定的原理是什么？

2. 天然水中杂质如何分类？

3. 胶体有哪些特性？

项目13 氮、磷化合物的测定

【项目概述】

水体中的氮、磷是植物营养元素。从农作物生长角度看，植物营养元素是宝贵物质，但过多的氮、磷一旦进入天然水体，会引起水体中生物和微生物大量繁殖，消耗水中的溶解氧，使水体恶化，导致富营养化。那么水体的富营养化程度用什么指标来评价？又是用什么方法来测定的？这就是我们要学习的。

任务 13.1　纳氏试剂分光光度法测定氨氮

【任务描述】

氨或铵盐能与纳氏试剂反应生成黄色胶态化合物，在波长 410～425nm 范围处测量吸光度，用工作曲线法测定未知水样中氨氮的含量。在工作曲线的绘制基础上，经讲解了解氨氮的来源及纳氏试剂比色法测定氨氮的原理，并根据国家环境水质检测的标准方法（纳氏试剂比色法）对现有水样进行氨氮测定，测定过程中严格遵守操作规范并做好数据记录。

【学习支持】

一、所用试剂和仪器

1. 试剂

（1）配制试剂用水均应为无氨纯水。

（2）纳氏试剂

称取 16g 氢氧化钠，溶于 50mL 纯水中，充分冷却至室温。

另称取 7g 碘化钾和 10g 碘化汞（HgI_2）溶于纯水，将此溶液搅拌并慢慢注入氢氧化钠溶液中，用纯水稀释至 100mL，贮于聚乙烯瓶中，密塞保存。

(3) 酒石酸钾钠溶液：称取 50g 酒石酸钾钠（$KNaC_4H_4O_6 \cdot 4H_2O$）溶于 100mL 水中，加热煮沸以除去氨，冷却，定容至 100mL。

(4) 铵标准贮备溶液：称取 3.8190g 经 100℃干燥过的分析纯氯化铵（NH_4Cl）溶于纯水中，移入 1000mL 容量瓶中，稀释至刻度。此溶液每毫升含 1.00mg 氨氮。

(5) 铵标准溶液：吸取 5.00mL 铵标准贮备液于 500mL 容量瓶中，用纯水稀释至刻度。此溶液每毫升含 0.010mg 氨氮。

2. 仪器

(1) 分光光度计：721 型。

(2) 具塞比色管：50mL，成套高型无色。

(3) 比色皿：光程 20mm。

(4) 移液管：5mL，10mL，50mL。

(5) 容量瓶：500mL，1000mL。

(6) 分析天平：精度±0.001g。

(7) 洗耳球。

二、注意事项

1. 试剂应为分析纯，纯水应为无氨纯水。

2. 纳氏试剂中的汞有毒，使用时要小心，皮肤触碰时要及时清洗。

3. 纳氏试剂的使用寿命比较短，配制后保存期通常只有三个星期，随着沉淀增加对显色反应影响比较大。

4. 水样的颜色以及混浊等均干扰测定，需做相应的预处理。

5. 本法可适用于地表水、地下水、工业废水和生活污水中氨氮的测定。

6. 纳氏试剂比色法测量用波长在 410～425nm 范围。

7. 纳氏试剂比色法最低检出浓度是 0.025mg/L，测定上限是 2mg/L。

【任务实施】

一、工作曲线的绘制

1. 工作液的配制：在 8 个 50ml 比色管中，分别加入 0.00、0.50、1.00、2.00、4.00、6.00、8.00 和 10.00ml 铵标准溶液于 50mL 比色管中，加纯水至标线。

2. 显色：向比色管加 1.0ml 酒石酸钾钠溶液，摇匀。加 1.5mL 纳氏试剂，摇匀。放置 10 分钟。

3. 比色测量：在波长 420nm 处，用光程 20mm 比色皿，以纯水为参比，读取吸光度。

4. 工作曲线的绘制：绘制以氨氮含量对吸光度的工作曲线。

二、水样的测定

1. 取样：取适量（絮凝沉淀预处理后）水样，加入 50mL 比色管中，稀释至标线。

2. 显色：向比色管加 1.0mL 酒石酸钾钠溶液，混匀。加 1.5mL 纳氏试剂，混匀。放置 10 分钟。

3. 比色测量：在波长 420nm 处，用光程 20mm 比色皿，以纯水为参比，读取吸光度。

三、数据记录

记录各工作液及水样的吸光度。

四、氨氮含量的计算：

$$氨氮（N，mg/L）=\frac{m}{V}\times 1000$$

式中：m——由工作曲线上查得氨氮含量，单位为毫克（mg）；

V——水样的体积，单位为毫升（mL）。

【评价】

一、过程评价（表 13-1）

表 13-1

项目	准确性		规范性	得分	备注
	独立完成	老师帮助下完成			
玻璃器皿的洗涤					
水样预处理					
工作液的配制					
取样					
显色					
分光光度计的使用					
比色测量					
工作曲线的绘制					
氨氮含量的计算					
综合评价：				综合得分：	

二、过程分析

1. 配制各试剂和稀释液，为什么不能用普通蒸馏水？

2. 在工作液配制时，为什么要先向比色管加 1.0ml 酒石酸钾钠溶液，后加 1.0ml 酒石酸钾钠溶液？

【知识衔接】

一、水的氨氮

水的氨氮是对水体受有机物污染的定量测定指标。测定水中氨氮，有助于评价水体被污染程度和自净状况。

水体中的氨氮（NH_3-N）是以游离氨（NH_3）或铵盐（NH_4^+）形式存在的化合氨。氨氮是各类型氮中危害影响最大的一种形态，是水体受到污染的标志，氨氮也是水体中的主要耗氧污染物，氨氮氧化分解消耗水中的溶解氧，造成藻类大量繁殖，水体富营养化，使水体发黑发臭。

水中氨氮的来源主要为废水中含氮有机物受微生物作用的分解产物，某些工业废水，如焦化废水和氮化肥厂等废水、生活污水以及农业排水。此外，在无氧环境中，水中存在的亚硝酸盐也会受微生物作用，还原为氨。在有氧环境中，水中氨也会转变为亚硝酸盐或硝酸盐。亚硝酸盐与蛋白质结合生成亚硝胺，具有致癌和致畸作用，对人体健康极为不利。

氨氮指标是水受有机污染的标志。各种水源对于氨氮都有一定的要求：如GB 3838—2002 地表水环境质量标准基本项目标准限值规定（单位 mg/L），对于Ⅰ类、Ⅱ类、Ⅲ类、Ⅳ类及Ⅴ类地表水，氨氮（NH_3-N）浓度分别要求≤0.15、0.5、1.0、1.5、2.0mg/L。如 DB31/199-1997 第二类污染物最高允许排放浓度（单位 mg/L）（1998 年 1 月 1 日后建设）规定，氨氮一级标准要求低于 10mg/L，二级标准要求低于 15mg/L，三级标准要求低于 25mg/L；城镇二级污水处理厂一级标准要求低于 10mg/L，二级标准要求低于 10mg/L。

二、纳氏试剂比色法

1. 方法原理

纳氏试剂（碘化汞和碘化钾的碱性溶液）与氨或铵盐反应生成黄色胶态化合物，此颜色在波长 410～425nm 范围处测量吸光度，用工作曲线法测定水样中氨氮的含量。

2. 水样预处理

若水样有金属离子的干扰，可加入适量掩蔽剂酒石酸钾钠，使与水中钙、镁形成络合物，避免加纳氏试剂时钙、镁沉淀而产生浑浊现象。

若水样有异色或浑浊现象将影响氨氮的测定，为此须将水样在测定前适当预处理。

（1）絮凝沉淀法

适用于较清洁的水，对这类水可加适量的硫酸锌于水中，并加氢氧化钠使呈碱性，生成氢氧化锌沉淀，过滤去色除浊。

方法：加入适量硫酸锌于水样中，并加氢氧化钠溶液使成碱性，生成氢氧化锌沉淀，经过滤除去异色和浑浊。

步骤：取 100mL 水样于容量瓶中，加入 1mL 10%硫酸锌溶液和 0.1～0.2mL 的 25%氢氧化钠溶液，混匀，放置使沉淀，用经无氨纯水洗涤过的中速滤纸过滤，弃去 20mL 初滤液。

（2）蒸馏法

适用于污染严重的水或工业废水，对这类水可加入磷酸盐缓冲溶液使 pH 值提高到 7.4，在此碱性条件下蒸馏出的氨被硼酸溶液吸收。

3. 适用范围

水样作适当的预处理后，本测试法可适用于地表水，地下水，工业废水和生活污水中氨氮的测定，其最低检出浓度为 0.025mg/L（光度法），测定上限为 2mg/L。

三、氨氮测定方法的选择

氨氮测定方法，除纳氏试剂分光光度法，还有气相分子吸收法、苯酚-次氯酸盐（或水杨酸-次氯酸盐）比色法及电极法。纳氏试剂分光光度法具有操作简便、灵敏等优点，如水中存在钙、镁、铁等金属离子、硫化物、醛酮类、颜色及混浊等均会干扰测定，需做适当的预处理。苯酚-次氯酸盐比色法具有灵敏、稳定特点，干扰消除方法同纳氏试剂分光光度法。电极法不需对水样做预处理，具有测量范围宽等优点，但也存在一些问题如电极的寿命。气相分子吸收法较简单，使用专用仪器或原子吸收仪均可达到较好效果。当氨氮含量较高时，可采用蒸馏-中和滴定法。

【思考题】

1. 测定水中氨氮的意义？
2. 纳氏试剂分光光度法测定过程中，如何消除水样中金属离子对比色的干扰？
3. 水样有异色或浑浊现象时该如何处理？

任务 13.2　蒸馏-中和滴定法测定氨氮

【任务描述】

蒸馏-中和滴定法测定氨氮仅适用于已进行蒸馏预处理后的水样。本项任务要求将水样进行蒸馏预处理，使释放出的氨吸收于硼酸溶液中，以甲基红-亚甲蓝为指示剂，用蒸馏-中和滴定法测定氨氮。经水样预处理，并讲解了解氨氮的酸滴定法及其原理，根据国家环境水质检测的标准方法（蒸馏-中和滴定法）对现有水样进行氨氮测定，测定过程中严格遵守操作规范并做好数据记录。

【学习支持】

一、所用试剂和仪器

1. 试剂

（1）配制试剂用水均应为无氨纯水。

（2）混合指示剂：称 200mg 甲基红溶解于 100mL 95％乙醇；另称 100mg 亚甲蓝溶解于 50mL 的 95％乙醇。以两份甲基红溶液与一份亚甲蓝溶液混合供实训用（有效期一个月）。

（3）0.020mol/L 硫酸标准溶液

（4）0.05％甲基橙指示液。

2. 仪器

(1) 酸式滴定管：50mL。

(2) 锥形瓶：250mL。

(3) 容量瓶：500、1000mL。

(4) 烧杯：500mL。

(5) 移液管：5、10、50mL。

(6) 分析天平：精度±0.0001g。

(7) 氨氮蒸馏装置。

(8) 洗耳球。

二、注意事项

1. 试剂应为分析纯，纯水应为无氨纯水。

2. 水样带色或浑浊时要进行水样的预处理，对污染严重的高含量氨的废水样要进行蒸馏。

3. 水样应保存在聚乙烯瓶或玻璃瓶中，尽快分析。

4. 蒸馏时避免发生暴沸和产生泡沫，否则会造成氨吸收不完全。

5. 要很好地控制蒸馏液 pH 值，不可过高或过低。

6. 蒸馏装置气密性要好，严格操作。

7. 蒸馏前一定要先打开冷凝水。蒸馏完毕后，先移走吸收液再关闭电炉，以防发生倒吸。

【任务实施】

一、0.020mol/L 硫酸标准溶液的配制

1. 配制：1∶9 的硫酸溶液。

2. 溶解：用移液管吸取 5.6mL 1∶9 的硫酸溶液于 1000mL 的容量瓶中，用无氨纯水稀释。

3. 定容：用无氨纯水将溶解好的药剂定容至 1000mL，混匀。

二、取样

取经蒸馏预处理、以 50mL 硼酸溶液为吸收液的馏出液。

三、水样测定

在馏出液中加 2 滴混合指示剂，用硫酸标准溶液滴定至绿色转变为淡紫色为止。

四、空白试验

以无氨纯水代替水样，试验步骤同水样测定。

五、数据记录

记录硫酸标准溶液的体积（mL）。

六、氨氮含量的计算：

$$氨氮（N，mg/L）=\frac{(A-B)\times M\times 14\times 1000}{V}$$

式中：A——滴定水样时消耗硫酸溶液的体积（mL）；

B——空白试验消耗硫酸溶液的体积（mL）；

M——硫酸溶液的浓度（mol/L）；

V——水样的体积（mL）；

14——氨氮（N）摩尔质量。

【评价】

一、过程评价

表 13-2

项目	准确性		规范性	得分	备注
	独立完成	老师帮助下完成			
1∶9 硫酸溶液的配制					
硫酸标准溶液的溶解、定容					
玻璃器皿的洗涤					
水样的预处理					
水样的测定					
空白试验					
氨氮含量的计算					
综合评价：				综合得分：	

二、过程分析

1. 当水样预处理蒸馏时被蒸馏出挥发性胺类时，对滴定有何影响？测定结果会偏高吗？

2. 如何配制 1∶9 的硫酸溶液？

【知识衔接】

一、硫酸标准溶液的标定

1. 称重：称取经 180℃干燥 2h 的基准级试剂无水碳酸钠（Na_2CO_3）约 0.5g（称准至 0.0001g）。

2. 溶解：将称取的药剂溶于新煮沸至冷的无氨纯水中。

3. 定容：用无氨纯水将溶解好的药剂定容至500mL容量瓶中，混匀。

4. 标定：用移液管移取25.00mL碳酸钠溶液于150mL锥形瓶中，加25mL无氨纯水，加1滴0.05%甲基橙指示液，用硫酸溶液滴定至淡橙红色即为终点。

5. 记录读数。

6. 计算硫酸溶液的浓度。

$$硫酸溶液浓度（1/2H_2SO_4，mol/L）=\frac{W\times1000}{V\times52.995}\times\frac{25}{500}$$

式中 W——碳酸钠的质量（g）；

V——硫酸溶液的体积（mL）；

52.995——（$1/2Na_2CO_3$）摩尔质量（g/mol）。

二、蒸馏-中和滴定法原理

蒸馏-中和滴定法仅适用于经蒸馏预处理的水样，将水样pH调节至6.0～7.4范围，加入氧化镁使之呈微碱性。加热蒸馏，释出的氨被硼酸溶液吸收后，以甲基红-亚甲蓝指示剂，酸标准溶液滴定馏出的氨。

三、水样预处理（蒸馏法）

1. 方法

调节水样pH在6.0～7.4的范围，加入适量氧化镁使呈微碱性，蒸馏释出氨，吸收于硼酸溶液，采用酸滴定法测定。

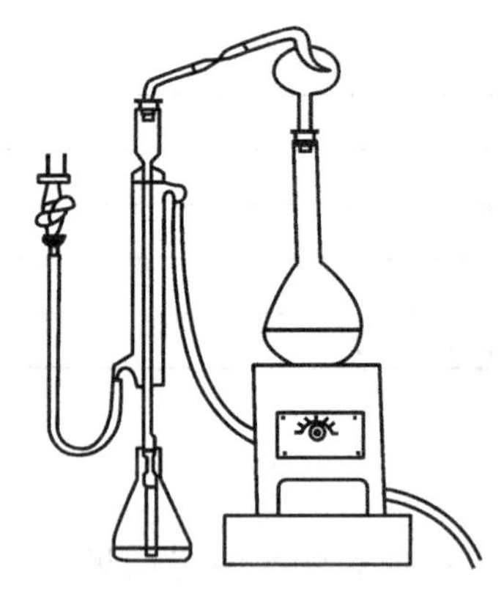

图13-1 氨氮蒸馏装置

2. 仪器

带氮球的定氮蒸馏装置：500mL凯氏烧瓶、氮球、橡胶导管（6×9）、直形冷凝管、锥形瓶、电炉（图13-1）。

3. 试剂

（1）1mol/L盐酸溶液：吸取83mL浓盐酸加入200ml纯水中，稀至1000mL。

（2）1mol/L氢氧化钠：称取40g氢氧化钠溶于纯水，稀至1000mL。

（3）轻质氧化镁（MgO）：将氧化镁于500℃在马弗炉中加热0.5h，除去碳酸盐。

（4）0.05%溴百里酚蓝指示液（PH6.0～7.6）：将0.05g溴百里酚蓝溶于100mL纯水中。

（5）硼酸吸收液：称取20g硼酸溶于纯水，稀至1L。

4. 步骤

（1）装置预处理：加入250mL水样于凯氏烧瓶中，加约0.25g轻质氧化镁和数粒玻璃珠，加热蒸馏到馏出液不含氨为止约200mL，弃去瓶内残液。

（2）水样的蒸馏：

① 取250mL水样移入凯氏烧瓶中，加数滴溴百里酚蓝指示液。

② 用氢氧化钠或盐酸调节至pH在7左右。

③ 加 0.25g 轻质氧化镁和 3～5 粒玻璃珠。

④ 立刻连接氮球和冷凝管，导管下端应插入 50mL 硼酸吸收液面下。

⑤ 加热蒸馏，至馏出液达 200mL，停止蒸馏，定容至 250mL。

⑥ 采用酸滴定法测定。

四、凯氏氮（KTN）的测定

凯氏氮是以凯氏法测得的含氮量。它包括氨氮和有机氮化合物。此类有机氮化合物是指蛋白质、氨基酸、核酸、尿素及大量合成的、氮为负三价态的有机氮化合物。但不包括硝酸盐氮、亚硝酸盐氮，也不包括叠氮化合物、联氮、偶氮、腙、硝基、亚硝基等含氮化合物。由于一般水中存在的有机氮化合物多为前者，故在测定凯氏氮和氨氮后，其差值即是有机氮化合物。

1. 测定意义

测定凯氏氮主要是为了解水体受污染的状况，该指标在评价湖泊和水库的富营养化时具一定意义。

2. 方法原理

在水样中加入硫酸且加热消解，使有机物中的铵基氮转变为硫酸氢铵，游离氨和铵盐也转变为硫酸氢铵。消解时为提高沸腾速度，可加入适量硫酸钾，增加消解速率，并加入硫酸铜作为催化剂，以缩短消解时间。消解后的液体，加氢氧化钠使成碱性蒸馏出氨，用硼酸溶液吸收。

凯氏氮测定的最后测定方法与氨氮测定方法相同，当含量低时采用纳氏试剂比色法，含量高时采用酸滴定法。

3. 仪器

凯氏定氮装置：参照图　氨氮蒸馏装置

4. 试剂

（1）浓硫酸（ρ=1.84g/mL）。

（2）硫酸钾

（3）硫酸铜溶液：称取 5g 硫酸铜（$CuSO_4 \cdot 5H_2O$）溶于无氨纯水，稀至 100mL。

（4）氢氧化钠溶液：称取 500g 氢氧化钠溶于无氨纯水，稀至 1L。

（5）硼酸溶液：称取 20g 硼酸溶于无氨纯水，稀至 1L。

其他试剂同氨氮的测定

5. 实验步骤

（1）取样体积的确定（表 13-3）

表 13-3

水样中的凯氏氮含量（mg/L）	取样体积（mL）
—10	250
10～20	100
20～50	50.0
50～100	25.0

（2）消解：取适量水样于 500mL 凯氏瓶中，加入 10mL 浓硫酸，2mL 硫酸铜溶液及

6g 硫酸钾和数粒玻璃珠，混匀。置通风橱内加热煮沸，出现冒三氧化硫白烟，并使溶液变清（无色或淡黄色）时，保持沸腾 30min，冷却，加 250ml 无氨纯水，混匀。

（3）蒸馏：将凯氏瓶成 45°斜置，缓慢沿壁加入 40mL 氢氧化钠溶液，使瓶底形成碱液层，连接氮球和冷凝管，以 50mL 硼酸溶液为吸收液，同时导管尖插入液面下。加热蒸馏，收集馏出液达 200mL 时，停止蒸馏。

（4）测定：同氨氮纳氏试剂比色法或酸滴定法。测得的氨氮量，即为凯氏氮量。

五、便携式氨氮检测仪

目前，有许多企业生产适用于大、中、小型水厂及工矿企业、生活或工业用水的氨氮检测仪，基于微电脑离子技术的便携式氨氮检测仪符合国际规范水质检测方法，当光速通过显色的样品时，样品将吸收通量和特定波长的光，通过这种吸收前后光强的变化，检测仪中微电脑自动检测出待测离子的浓度，并显示出结果，使测量快速、准确，并确保测量稳定，重现性好。该检测仪样品池设计合理，易于清洁，精巧便携，使仪器既适用于化验室测量也适合于野外现场快速测量，应用领域广泛。

【思考题】

1. 采用酸滴定法测定水样前，水样该如何进行预处理？
2. 测定凯氏氮的意义是什么？
3. 硫酸标准溶液标定的步骤是什么？

任务 15.3　钼酸铵分光光度法测定总磷

【任务描述】

磷几乎都以磷酸盐的形式存在，它们分为正磷酸盐、缩合磷酸盐（焦磷酸盐、偏磷酸盐和多磷酸盐）和有机结合的磷酸盐。水中的磷含量过高可造成藻类大量繁殖，水体富营养化，使水质变坏。本项任务是应用钼酸铵分光光度法测定水中总磷，首先需要对水样进行消解，在酸性条件下，正磷酸盐与钼酸铵、酒石酸锑氧钾反应，生成磷钼杂多酸，被还原剂抗坏血酸还原，则变成蓝色络合物，在波长 700nm 范围处测量吸光度，用工作曲线法测定未知水样中总磷的含量。在工作曲线的绘制基础上，经讲解了解磷的来源及钼酸铵分光光度法测定总磷的原理，并根据国家环境水质检测的标准方法（钼酸铵分光光度法）对现有水样进行总磷测定，测定过程中严格遵守操作规范并做好数据记录。

【学习支持】

一、所用试剂和仪器

1. 试剂

（1）配制试剂用水均应为纯水。

(2) 5%过硫酸钾溶液：溶解 5g 过硫酸钾于水中，稀至 100mL 纯水中。

(3) 硫酸：1∶1

(4) 10%抗坏血酸溶液：溶解 10g 抗坏血酸于纯水中，稀释至 100mL。该溶液贮于棕色玻璃瓶中，冷处存放。如颜色变黄，弃去重配。

(5) 钼酸盐溶液：溶解 13g 钼酸铵［(NH_4) $6Mo_7O_{24}\cdot 4H_2O$］于 100mL 水中。溶解 0.35g 酒石酸锑氧钾［K (SbO) $C_4H_4O_6\cdot 1/2H_2O$］于 100mL 纯水中。

搅拌下，将钼酸铵溶液缓缓倒入 300mL (1∶1) 硫酸中，再加入酒石酸锑氧钾溶液混匀。试剂贮存在棕色玻璃瓶中，稳定 2 个月。

(6) 磷酸盐贮备液：称取于 110℃干燥 2h 的磷酸二氢钾 0.2197g 溶于纯水，转移入 1000mL 容量瓶中，加 (1∶1) 硫酸 5ml，用纯水稀至标线。此溶液每毫升含 50.0μg 磷。

(7) 磷酸盐标准溶液：吸取 10.00ml 磷酸盐贮备液于 250mL 容量瓶中，用纯水稀至标线。此标准溶液每毫升含 2.00μg 磷。

2. 仪器

(1) 分光光度计：721 型。

(2) 医用手提式高压蒸汽消毒器 (1～1.5kg/m^3)(带调压器)。

(3) 具塞比色管：50mL，成套高型无色。

(4) 纱布、细绳。

(5) 比色皿：光程 30mm。

(6) 移液管：5、10、50mL。

(7) 容量瓶：250、1000mL。

(8) 分析天平：精度±0.0001g。

(9) 洗耳球。

二、注意事项

(1) 如室温低于 13℃，可在 20～30℃水浴显色 15min。

(2) 色度会干扰吸光度的正确读取，需做补偿校正。

(3) 比色皿用后可用稀硝酸洗液浸泡片刻，以除去吸附的钼蓝有色物。

(4) 当砷含量大于 2mg/L，硫化物含量大于 2mg/L，六价铬含量大于 50mg/L，亚硝酸盐含量大于 1mg/L 时有干扰，应设法消除。

【任务实施】

一、水样的消解

二、工作曲线的绘制

1. 工作液的配制：吸取 0、0.50、1.00、3.00、5.00、10.0 和 15.0mL 磷酸盐标准溶液于 50mL 具塞比色管中，加纯水至标线。

2. 显色：向比色管加 1.0mL10%抗坏血酸溶液，摇匀。30 秒后加 2.0mL 钼酸盐溶液，摇匀。放置15分钟。

3. 比色测量：在波长700nm处，用光程10mm或30mm比色皿，以纯水为参比，读取吸光度。

4. 工作曲线的绘制：绘制以总磷含量对吸光度的工作曲线。

三、水样的测定

1. 取样：取适量经消解的水样（含磷量不超过30μg），加入50mL比色管中，纯水稀释至标线。

2. 显色：向比色管加1.0mL10%抗坏血酸溶液，摇匀。30s后加2.0mL钼酸盐溶液，摇匀。放置15分钟。

3. 比色测量：在波长700nm处，用光程10mm或30mm比色皿，以纯水为参比，读取吸光度。

四、数据记录

记录各工作液及水样的吸光度。

五、总磷含量的计算：

$$总磷（P，mg/L）=\frac{m}{V}$$

式中：m——由工作曲线上查得总磷含量，单位为微克（μg）；

V——水样的体积，单位为毫升（mL）。

【评价】

一、过程评价(表13-4)

表13-4

项目	准确性		规范性	得分	备注
	独立完成	老师指导下完成			
玻璃器皿的洗涤					
水样的消解					
工作液的配制					
取样					
显色					
分光光度计的使用					
比色测量					
工作曲线的绘制					
总磷含量的计算					
综合评价：				综合得分：	

二、过程分析

1. 如水样中的色度或浊度影响吸光度的测量时，该如何做补偿校正？
2. 抗坏血酸溶液在使用中的作用是什么？

【知识衔接】

一、水体中的磷

在天然水和废水中，磷几乎以各种磷酸盐的形式存在，虽然在一般天然水中磷酸盐含量不高，但化肥、冶炼、合成洗涤剂等行业的工业废水以及生活污水中常含较大量的磷。

排放到湖泊中的磷大多数来源于生活污水、工厂废水和畜牧业废水、山林耕地肥料流失及降雨降雪。相比之下，在水域的磷流入中，生活污水占 43.4%，其他依次为 20.5%，29.4%与 6.7%，降雨和降雪中的磷含量较低。有调查表明，降雨中磷浓度平均值均低于 0.04mg/L，降雪中低于 0.02mg/L。以生活污水，每人每天磷排放量大约在 1.4～3.2g 左右，各种洗涤剂的使用约占其中的 70%。此外，炊事与漱洗水以及在粪尿中磷也有相当的含量。工厂的磷排放主要来源于肥料、医药、纤维染发酵、金属表面处理和食品工业。

磷是评价水质的重要指标。水体中磷含量过高，如超过 0.2mg/L，可引起藻类的过度繁殖，形成富营养化，造成湖泊、河流透明度降低，水质恶化，大量生长的受污染的淡水藻类会产生大量的藻类毒素，其又是致癌物质，如蓝绿藻类，就有明显的促肝癌作用。磷又会对皮肤造成直接危害，引发各种皮肤炎症。磷化物则会导致腹泻、呕吐、头痛，甚至中毒死亡。

各种水源对于总磷都有一定的要求：如 GB 3838—2002 地表水环境质量标准基本项目标准限值规定（单位 mg/L），对于Ⅰ类、Ⅱ类、Ⅲ类、Ⅳ类及Ⅴ类地表水，总磷（以 P 计）浓度分别要求≤0.02、0.1、0.2、0.3、0.4mg/L。如 DB31/199—1997 第二类污染物最高允许排放浓度（单位 mg/L）（1998 年 1 月 1 日后建设）规定，磷酸盐（排入蓄水性河流和封闭性水域的控制标准）要求一级标准低于 0.5mg/L，二级标准低于 1.0mg/L。

二、钼酸铵分光光度法测定总磷

1. 方法原理

钼酸铵分光光度法是在中性条件下，用过硫酸钾使水样消解，将所含的磷全部转化为正磷酸盐。在酸性介质中，正磷酸盐与钼酸铵、酒石酸锑氧钾反应，生成磷钼杂多酸，再被还原剂抗坏血酸还原变成蓝色络合物。在波长 700nm 范围处比色定量。

2. 水样的保存

总磷的测定，要求在水样采集后，加硫酸酸化至 pH≤1 保存。

3. 水样的预处理

（1）干扰物消除：若水样中砷含量大于 2mg/L 有干扰，可用硫代硫酸钠消除；硫化物含量大于 2mg/L 有干扰，可在酸性条件下通入氮气消除；六价铬大于 50mg/L 有干扰，可用亚硫酸钠消除；亚硫酸盐大于 1mg/L 有干扰，可用氧化消解消除。

（2）水样的消解：取混合水样（包括悬浮物），经过硫酸钾消解后，测水中总磷含量。

步骤：取混合水样 25.0mL（含磷量不超过 30μg）于 50mL 具塞比色管中，加入 4ml 过硫酸钾溶液，加塞后管口用纱布扎紧，将比色管放入高压消毒器中，待放气阀放气时，关闭放气阀，使锅内压力达到 1.1kg/m^2（其相应温度为 120℃）时，调节调压器保持该压力 30 分钟后，停止加热，待指针回零后，取出放冷。

4. 适用范围

本法最低检出浓度为 0.01mg/L；测定上限为 0.6mg/L。

适用于测定地表水、生活污水及化工、磷肥、农药、焦化等工业废水中磷酸盐的测定。

三、总磷测定方法的发展

总磷的测定方法已经日渐成熟。传统的分光光度法以钼酸铵分光光度法最为常见。目前有流动注射分析法（FIA）、等离子发射光谱法（ICP-AES）等。FIA 测定总磷以钼酸铵分光光度法为基础，采用在线过硫酸盐/紫外消解法，生成的络合物在波长 880nm 处比色定量。而 ICP-AES 法则是利用氩等离子体产生的高温使试样分解形成激发态的原子和离子。利用发射出的特征谱线的光强度与总磷浓度成正比，从而得到总磷的浓度。

【思考题】

1. 过硫酸钾溶液为何储于棕色玻璃瓶中？

2. 钼酸铵分光光度法测定，如何消除水样中对比色有干扰的砷、硫化物、六价铬和亚硝酸盐？

项目14 水的细菌学检验

【项目概述】

在我国大多数城市和乡镇饮用水都取自于地面水源——河流、湖泊和水库。在自然环境中水源却经常受到不同程度的污染，如物理、化学，生物、放射、微生物等方面。当水受到致病菌污染时，就会导致肠道传染病，因此检测肠道致病菌来判断水质的卫生质量是最佳的，那么如何判断水质是否符合卫生标准？如何来检出水中是否有致病菌？这就是我们要学习的。

任务14.1 水中细菌总数的测定

【任务描述】

在正确制备培养基的基础上，能正确运用平板接种法正确进行细菌总数的测定；掌握饮用水、水源水的细菌总数测定方法、步骤和要点。

【学习支持】

一、营养琼脂培养基(供细菌总数的测定)

称取：蛋白胨2.5g，牛肉膏0.75g，NaCl1.25g于500ml烧杯中，加150ml蒸馏水溶解，另称取琼脂5g加100ml蒸馏水溶解，待全部溶解后，混匀，加10%NaOH，调pH=7.4～7.6，熟化1h，除垢，用棉花过滤，分装，在121℃条件下，灭菌20min，备用。

二、仪器

1. 高压蒸汽灭菌器。
2. 干热灭菌（烘箱）。
3. 水浴隔热培养箱。
4. 冰箱。
5. 培养皿（直径9ml)。

6. 吸管（10.0ml、1.0ml）。

三、菌落计数原则

1. 一个平皿有较大片菌落生长时，不宜采用；
2. 无片状菌落生长的平皿作为该稀释度的平均菌落数；
3. 成片状菌落不到平皿的一半，其余一半的菌落数分布均匀，则将半皿计数×2 报告之。

四、注意事项

1. 检验中所用玻璃器皿应洗净后采用干热灭菌法（160℃，2h）进行灭菌；
2. 培养基的 pH 值调节要正确；
3. 培养基配制和储存是以 2 周为限；
4. 培养基不宜反复多次灭菌，防止 pH 值下降；
5. 灭菌间隔时间一般不超过 4h；
6. 培养基如发现产气、混浊、有菌膜、变色、有菌落、沉淀等应废弃；
7. 平皿菌落计数时，肉眼观察，必要时可用放大镜，以防遗漏，计下各平皿的菌落。

【任务实施】

一、生活饮用水

1. 取三个培养皿，分别是一个空白、另两个加 1.0ml 水样；

2. 浇营养琼脂培养基（冷却至 45℃～50℃，无菌操作）2～3mm，冷却至室温、凝固后倒置；

3. 在 37℃，培养 24 小时后，观察结果并记录。

二、水源水

1. 用无菌水稀释水样分别为 0.1、0.01、0.001ml 的稀释比；
2. 取四个培养皿，分别是空白、0.1、0.01、0.001ml 的稀释比的水样加 1.0ml 水样；
3. 浇营养琼脂培养基（冷却至 45～50℃，无菌操作）2～3mm，冷却至室温、凝固后倒置；
4. 在 37℃，培养 24h 后，观察结果并记录。

【评价】

一、过程评价(表 14-1)

表 14-1

项目	准确性		规范性	得分	备注
	独立完成	老师帮助下完成			
营养琼脂培养基的制备					
细菌总数的计数					
综合评价：				综合得分：	

二、过程分析

1. 为什么要调节培养基的 pH 值？

2. 培养基储存为什么以 2 周为限？

【知识链接】

一、测定细菌总数的意义

在 37℃营养琼脂培养基中能生长的细菌代表在人体温度下能繁殖的腐生细菌，细菌总数愈大，说明水污染也愈严重，因此这项测定有一定卫生学意义；当水被人畜粪便及其污染物污染时，细菌就会大量繁殖，细菌总数急剧增加，说明水中有大量有机腐败产物，从而推测有致病菌污染的可能，但不能据此判断水被粪便污染；水中细菌总数可用来判断水质的清洁程度，卫生学意义不如大肠菌群，含有少量的致病菌的水比含有大量的腐生菌的水更可怕；对于检查自来水厂中各个处理设备的处理效率，细菌总数的测定则有一定的实用意义，因为如果设备的运转稍有失误，立刻就会影响到水中细菌的数量。

细菌总数按定义表示能适应特定的培养条件而生长的总细菌菌落数量，而不是水中所有的细菌数；37℃的确定主要是致病菌的最适生长温度为 37℃，又是人体体温，这种条件下检出的细菌都可在人体内繁殖和致病；细菌总数的评价有局限性，但具有相对性，尤其对水处理的效果方面有一定的作用。

二、细菌总数的测定

1. 概述：将 1ml 被检水样接种于营养琼脂培养基中，在 37℃温度下培养 24h 后，数出生长的细菌菌落数，然后根据接种的水样数量及稀释比即可算出每毫升水中所含的细菌总数。

2. 细菌菌落总数的计数方法（表 14-2）

菌落总数的计算方法举例　　　　表 14-2

例次	不同稀释度的平均菌落数			两个稀释度菌落总数之比	菌落总数 (CFU/ml)	水中细菌总数报告方式 (CFU/ml)
	10^{-1}	10^{-2}	10^{-3}			
1	1365	164	20	—	16400	16000 或 1.6×10^4
2	2760	295	46	1.6	37750	38000 或 3.8×10^4
3	2890	271	60	2.2	27100	27000 或 2.7×10^4
4	150	30	8	2	1500	1500 或 1.5×10^3
5	无法计数	1650	513	—	513000	510000 或 5.1×10^5
6	27	11	5	—	270	270 或 2.7×10^2
7	无法计数	305	12	—	30500	31000 或 3.1×10^4
8	0	0	0	—	<110	<110

说明：菌落数 100 以内按实际数报告，大于 100 时，采用 2 位有效数报告，在 2 位有效数字后面的数值，应四舍五入方法计算，为了缩短数字后面的零数，可以采用 10 的指数倍来表示，未经稀释的水样，按培养皿中实际生长的菌落数报告，若无法计数，应报告稀释倍数。

（1）首先选择平均菌落在 30～300 之间者进行计算，当只有一个符合此范围，则以该平均菌落×稀释倍数报告之；

(2) 若两个稀释度，其平均菌落都在30～300之间者，则应按两者菌落总数之比值来决定：小于2应以两者的平均菌落数×稀释倍数报告之，大于2应以其中较小的菌落总数×稀释倍数报告之；

(3) 若所有稀释度的平均菌落都大于300，则以稀释度最高的平均菌落数×稀释倍数报告之；

(4) 若所有稀释度的平均菌落都大于30，则以稀释度最低的平均菌落数×稀释倍数报告之；

(5) 若所有稀释度的平均菌落都不在30～300之间者，则以最接近30或300的平均菌落数×稀释倍数报告之。

三、培养基的制备、分装、灭菌

1. 配制培养基的原则

(1) 适合微生物的营养特点；

任何培养基都必须含有碳源，氮源，矿质元素，水及生长因素，但不同营养类型的微生物要求不同，自养菌的培养基不能含有有机物，异养菌则以有机物为碳源和能源。

(2) 注意各种营养物质的浓度与配比；

微生物生长所需要的营养往往在浓度合适的条件下表现出良好的作用，浓度太大反而对微生物生长起抑止作用。

(3) 控制培养基的pH值。

满足不同类型微生物的生长繁殖或积累代谢物的需要。

如：霉菌和酵母菌　pH＝4.5～6.0

细菌、放线菌　pH＝7.0～7.5

2. 配制培养基的基本过程（简要步骤和要点）

(1) 配制溶液：分别溶解、加热。

(2) 调节pH值：10%HCl，10%NaOH，pH试纸。

(3) 熟化、澄清、过滤（棉花过滤）。

(4) 分装：1/3～2/3棉塞。

(5) 灭菌含糖10磅15min，不含糖15磅20min。

(6) 斜面培养基的制作。

(7) 平面培养基的制作。

(8) 培养基保存：分装后4小时内进行灭菌，在冰箱中（4℃）保存一周；能溶解足够氧而产生气泡（特别是发酵），必须赶走气泡（37℃状态），如还有气泡应弃掉。

四、高温灭菌的原理和方法

(一) 高温灭菌的原理

微生物对高温十分敏感，高温灭菌是微生物实验、食品加工及发酵工业重要灭菌方法，菌体在有水的情况下，蛋白质易凝固，含水量越高，蛋白质凝固所需要的温度就越低。热蒸汽穿透力大，蒸汽有潜热存在，当蒸汽在物质表面凝结为水时，要放出潜热，从而提高了灭菌物品的反应，蒸汽温度随压力的增加而提高，压力越大，温度越高，蒸汽在高压条件下，能够形成强大穿透力，使细胞中原生质在含水率高时，受热易凝固变形而致死。

（二）高温灭菌的方法

主要有干热灭菌、湿热灭菌，湿热灭菌较干热灭菌效果好。

1. 干热灭菌法：

（1）干热灭菌（适合玻璃仪器，金属仪器）：160℃，干燥箱 1～2h。

（2）焚烧灭菌：在火焰中直接灭菌，灭菌彻底迅速，用于接种工具，污染物品，实验动物废弃物。

2. 湿热灭菌法：

（1）煮沸灭菌：物品在水中煮沸（100℃），15 分钟以上，可杀死细菌所有营养细胞和部分芽孢，如延长煮沸时间，在水中放 1%Na_2CO_3 或 2%～5%石炭酸，效果更好，用于注射器、解剖用具的消毒。

（2）高压蒸汽灭菌：（用于培养基、抽滤筒、生理盐水、玻璃皿、工作服等的消毒）工作压力有 15 磅，10 磅不等。灭菌所需的时间和温度取决于被灭菌物品的性质、体积与容器类型等，它是湿热灭菌法中效果最好，应用较广。

（3）间歇灭菌：常压下 100℃，15～30min，杀死其中的营养细胞→冷却→28～37℃。保温 24h 使残存的芽孢萌发成细胞；如此反复三次，可杀死所有芽孢和物质，达到灭菌的目的。缺点：较费时，只用于不耐热的药品、营养物和特殊培养基。

（4）巴斯德灭菌：60～70℃，25～30min，可去除食品（牛奶、酒）中的病原微生物，同时保持食品中的营养、新鲜的风味。

【思考题】

1. 高温灭菌的原理和方法是什么？
2. 配制培养基的过程及注意事项有哪些？
3. 饮用水、水源水的细菌总数测定方法、步骤和要点是什么？

任务 14.2　总大肠菌群的测定

【任务描述】

能正确运用发酵法、滤膜法正确进行总大肠菌群的测定；熟练掌握用滤膜法测定饮用水中总大肠菌群的方法、步骤和要点；了解发酵法测定水源水总大肠菌群的方法、步骤和要点。

【学习支持】

一、乳糖蛋白胨培养液（供大肠杆菌发酵试验用）

称取：蛋白胨 2.5g，牛肉膏 0.75g，NaCl1.25g、乳糖 1.25g，1.6%溴甲酚紫乙醇溶

液 0.25ml，蒸馏水 250ml 于 500ml 烧杯中溶解，混匀，加 10%NaOH，调 pH=7.2～7.4，分装于装有试管的倒管中，在 115℃条件下，灭菌 15min。

二、品红亚硫酸钠培养基(供大肠杆菌滤膜法试验用)

称取：蛋白胨 2.5g，牛肉膏 0.75g，NaCl1.25g，酵母浸膏，K_2HPO_4 于 500ml 烧杯中，加 150ml 蒸馏水溶解，另称取琼脂 5g 加 100ml 蒸馏水溶解，待全部溶解后，混匀，加 10%NaOH，调 pH=7.2～7.4，用棉花过滤，再加入乳糖 2.5g，在 115℃条件下，灭菌 15min，同时，将 5%碱性品红 2.5ml、Na_2SO_3 1.25g 分别于二支试管中，加少许蒸馏水，水浴灭菌 10min 后，加入到已灭菌的培养基中混溶。浇平皿（培养基厚度 2～3mm）二个备用。

三、仪器：

1. 高压蒸汽灭菌器。
2. 干热灭菌（烘箱）。
3. 水浴隔热培养箱。
4. 冰箱。
5. 显微镜。
6. 培养皿（直径 9ml）。
7. 吸管（10.0ml、1.0ml）。
8. 无齿镊子，抽滤设备、滤膜。
9. 接种针（环）、载玻片。
10. 试管、发酵管。

【任务实施】

一、发酵法

发酵法是测定大肠菌群的基本方法。此法按下列步骤进行：初发酵→平板分离→涂片、染色、镜检→复发酵。

1. 初步发酵试验：本试验是将水样置于糖类液体培养基中，在一定温度下，经一定时间培养后，观察有无酸和气体产生（即有无发酵），初步确定有无大肠菌群存在。如采用含有葡萄糖或甘露醇的培养液，则包括副大肠菌群；如不考虑副大肠菌群，则用乳糖蛋白胨培养液。由于水中除大肠菌群外，还可能存在其他发酵糖类物质的细菌，所以培养后如发现气体和酸并不一定能肯定水中含有大肠菌群，还需根据这类细菌的其他特性进行下两阶段的检验，水中能使糖类发酵的细菌除大肠菌群外，最常见的有各种厌氧和好氧的芽孢杆菌。在被粪便严重污染的水中，这类细菌的数量比大肠菌群的数量要少得多。在此情形下，本阶段的发酵一般即可被认为确有大肠菌群存在。在比较清洁的或加氯的水中，由于芽孢的抵抗力较大，其数量可能相对地比较多，所以本试验即使产酸产气，还不能肯定是由于大肠菌群引起的，必须继续进行试验。

2. 平板分离：这一阶段的检验主要是根据大肠菌群在固体培养基上可以在空气中生长，革兰氏染色呈阴性和不生芽孢的特性来进行的。在此阶段，可先将上一试验产酸产气的菌种移植于品红亚硫酸钠培养基（运藤氏培养基）或伊红美蓝培养基表面，这一步骤可以阻止厌氧芽孢杆菌的生长，而上述培养基所含染料物质也有抑制许多其他细菌生长繁殖的作用。经过培养，如果出现典型的大肠菌群菌落，则可认为有此类细菌存在。但为了作进一步的肯定，应进行革兰氏染色检验。由于芽孢杆菌经革兰氏染色后一般呈阳性，所以根据染色结果，又可将大肠菌群与好氧芽孢杆菌区别开来。如果革兰氏染色检验发现有阴性无芽孢杆菌存在，则为了更进一步的验证，可作复发酵试验。

3. 复发酵试验：本试验是将可疑的菌落再移植于糖类培养基中，观察其是否发酵，是否产酸产气而最后肯定有无大肠菌群存在。

对于自来水厂出厂水，初发酵试验一般都在 10 个小发酵管和 2 个大发酵管（或发酵瓶）内进行，复发酵试验则在小发酵管内进行。

根据肯定有大肠菌群存在的初步发酵试验的发酵管或瓶的数目及试验所用的水样量，即可利用数理统计原理，算出每升水样中大肠菌群的最可能数目（MPN），结果有专用图表可以查阅。

二、滤膜法

用发酵法完成全部检验约需 72h。为了缩短检验时间，可以采用滤膜法。用这种方法检验大肠菌群，有可能在 18h 后完成。

滤膜法中常用的滤膜是一种多孔性硝化纤维薄膜。圆形滤膜直径一般为 35mm，厚 0.1mm。滤膜中小孔的直径平均为 0.2um。

滤膜法的主要步骤如下：

1. 将滤膜装在滤器上，用抽滤法过滤定量（333ml）水样，将细菌截留在滤膜表面。

2. 将此滤膜的没有细菌的一面贴在品红亚硫酸钠培养基上（截留面向上），以培育和获得单个菌落。

3. 将滤膜上符合大肠菌群菌落特征的菌落进行革兰氏染色、镜检。大肠菌群菌落特征的菌落：①紫红色，具有金属光泽；②深红色，不带或略带金属光泽；③淡红色，中心色较深。

4. 将革兰氏染色阴性无芽孢杆菌，接种到乳糖蛋白胨培养液中，根据产气、产酸与否，来判断有无大肠菌群存在。

5. 根据滤膜上生长的大肠菌群菌落数和过滤的水样体积，1 升水样中大肠菌群数等于滤膜上产生并被证实的大肠菌群数×3；即可算出每升水样中的大肠菌群数。

6. 空白试验：品红亚硫酸钠培养基上贴上已灭菌的滤膜，经培养后应该无细菌生长。

7. 对照试验：①水中加入少量源水或大肠菌菌液，过滤后培养，应有三种特征菌落；②在滤膜上直接加源水 1～2 滴或大肠菌菌液 1 滴，不经过过滤，置于品红亚硫酸钠培养基上，应有三种特征菌落。

8. 镜检原则：①三色菌菌落数不超过 5 个，应全部染色、镜检；②三色菌菌落数超过 5 个，应不低于 5 个染色、镜检。

三、注意事项

1. 品红亚硫酸钠培养基在冰箱中保存一般不超过一周。

2. 滤膜法比发酵法的检验时间短，但仍不能及时指导生产。当发现水质有问题时，这种不符合标准的水已进入管网一段时间了。此外，当水样中悬浮物较多时，悬浮物会沉积在滤膜上，影响细菌的发育，使测定结果不准确。目前以大肠菌群作为检验指标，只间接反映出生活饮用水被肠道病原菌污染的情况，而不能反映出水中是否传染性病毒以及除肠道病原菌外的其他病原菌（如炭疽杆菌）。因此为了保证人民的健康，必须加强检验水中病原微生物的研究工作。

【评价】

一、过程评价（发酵法）(表 14-3)

表 14-3

项目	准确性		规范性	得分	备注
	独立完成	老师帮助下完成			
初发酵					
平板分离					
涂片、染色、镜检					
复发酵					
综合评价：				综合得分：	

二、过程分析

1. 为什么品红亚硫酸钠培养基保存时间不能太长？
2. 为什么滤膜法不能及时指导生产？

【知识衔接】

一、大肠菌群作为卫生指标的意义

从卫生学上来看，天然水的细菌性污染主要是由于粪便污水的排入而引起的，也就是说，水中的病原菌很可能是肠道污染病菌。所以对生活饮用水进行卫生细菌学检验的目的，是为了保证水中不存在肠道传染病的病原菌。水中存在病原菌的可能性很小，而水中各种细菌的种类却很多，要排除一切细菌而单独检出某种病原菌来，在培养分离技术上较为复杂，需较多的人力和较长的时间。因此，一般不直接检验水中的病原菌，而是测定水中是否有肠道正常细菌的存在。若检出有肠道细菌，则表明水被粪便所污染，也说明有被病原菌污染的可能性。只有在特殊情况下，才直接检验水中的病原菌。

根据上述要求，选定大肠菌群作为检验水的卫生指标，因为大肠菌群的生理习性与伤寒杆菌、副伤寒杆菌和痢疾杆菌等病原菌的生理特性较为相似，在外界生存时间也与

上述病原菌基本一致。而肠球菌的抵抗力弱，生存的时间比病原菌短，水中若未检出肠球菌，也不能说明未受粪便污染，一般肠球菌 69 万个/ml 粪水；产气荚膜杆菌因为有芽孢，能在自然环境中长期生存，它的存在不足以说明水是最近被粪便污染，一般为 1700 个/ml 粪水。大肠菌群在人的粪便中数量很多，健康人每克粪便中平均含 5000 万个以上，一般每毫升生活污水中含有大肠菌群 83 万个以上；检验大肠菌群的技术并不复杂，根据上述理由将大肠菌群作为水的卫生细菌学检验指标确是比较合理的。

选作卫生学指标的必须符号下列要求：

1. 该细菌生理习性与肠道病原菌类似，因而它们在外界的生存时间基本一致；
2. 该种细菌在粪便中的数量较多；
3. 检验技术较简单。

肠道正常细菌有 3 类：大肠菌群、肠球菌和产气荚膜杆菌。

二、大肠菌群的形态和生理特性

大肠菌群一般包括大肠埃希氏杆菌、产气杆菌、枸橼酸盐杆菌和副大肠杆菌。

大肠埃希氏杆菌有时也称为普通大肠杆菌或大肠杆菌。它是人和温血动物肠道中的正常寄生细菌。一般情况下大肠杆菌不会使人致病。在个别情况下，发现此菌能战胜人体的防卫机制而产生毒血症、腹膜炎、膀胱炎及其他感染。从土壤或冷血动物肠道中分离出来的大肠杆菌大多是枸橼酸盐杆菌和产气杆菌；另外，也往往发现副大肠杆菌。副大肠杆菌主要存在于外界环境或冷血动物体内，但也常在痢疾或伤寒病人粪便中出现。因此，如水中含有副大肠杆菌，可认为受到病人粪便的污染。

大肠埃希氏杆菌是好氧及兼性的革兰氏染色阴性，无芽孢，大小约为 0.5～0.8×2.0～3.0um，两端钝圆的杆菌，生长温度 10～45℃，适宜温度 37℃，生长 pH 范围 4.5～9.0，伤寒的 pH 值为中性，能分解葡萄糖、甘露醇、乳糖等多种碳水化合物，并产酸产气，所产生的 CO_2 和 H_2 之比为 1∶1，即 $CO_2/H_2=1$，而产气杆菌的 $CO_2/H_2=2$。大肠杆菌的各类细菌的生理习性都相似，只是副大肠杆菌分解乳糖缓慢，甚至不能分解乳糖，并且它们在品红亚硫酸钠固体培养基（远藤氏培养基）上所形成的菌落不同；大肠埃希氏杆菌菌落呈紫红色金属光泽，直径约 2～3mm；枸橼酸盐的菌落呈紫红或深红色；产气杆菌菌落呈淡红色中心较深，直径较大，一般约 4～6mm；副大肠杆菌的菌落则无色透明。

目前国际上检验水中大肠菌群的方法不完全相同。有的国家用葡萄糖或甘露醇作发酵试验，用 43～45℃的温度培养。在此温度下，冷血动物和水、土壤中枸橼酸盐杆菌和产气杆菌多不能生长，培养分离出来的是寄生在人和温血动物体内的大肠菌群。因为副大肠杆菌分解乳糖缓慢或不能分解乳糖，采用葡萄糖或甘露醇而不用乳糖则可检出副大肠杆菌，而且在 43～45℃下培养出来的副大肠杆菌，常可代表肠道传染病细菌的污染。还有的国家检验水中大肠菌群时，不考虑副大肠杆菌。因为人类粪便中存在着大量大肠埃希氏杆菌，在水中检出大肠埃希氏杆菌，他们认为就足以说明此水已受到粪便的污染，因此采用乳糖作培养基。由于大肠埃希氏杆菌的适宜温度是 37℃，所以培养温度也不采用 43℃而采用 37℃。这样可顺利地检验出寄生于人体内的大肠埃希氏杆菌和产气杆菌。生产实践表明，这种检验方法一般可保证饮用水水质的安全可靠。

三、生活饮用水细菌卫生标准

长期实践表明，总大肠菌群数 100ml 水中不得检出，而根据滤膜法测定大肠菌群，其标准为每升水中大肠菌群数不超过 3CFU。

四、革兰氏染色原理

通过初染和媒染后，在细菌细胞的细胞壁和膜上结合了不溶于水的结晶紫与碘的大分子复合物，革兰氏阳性细菌胞壁较厚、肽聚糖含量较高和分子交联度较紧密，故在酒精脱色时，肽聚糖网孔会因脱水而发生明显收缩，再加上它不含脂类，酒精处理液不能在细胞壁上溶出大的空洞或缝隙，因此，结晶紫与碘复合物仍阻留在细胞壁上，使其呈现出蓝紫色。与此相反，革兰氏阴性细菌的细胞壁较薄、肽聚糖位于内层且含量低和交联松散，与酒精反应后其肽聚糖不易收缩，加上它的脂类含量高且位于外层，所以酒精作用时细胞壁上就会出现较大的空洞和缝隙，这样，结晶紫和碘的复合物就很容易被溶出细胞壁，脱去了原来初染的颜色。当蕃红或沙黄复染时，细胞就会带上复染染料的红色。

1. 革兰氏阳性菌的 pH＝2—3 比 G^- 的 pH＝4—5 为低，所以在同一 pH 下阳性菌所含的阴电荷较多，获取碱性燃料的作用也较强。

2. 碘进入菌体后与染料结合成一种复合物，不溶于水，稍溶于酒精和丙酮中，并能与 G^+ 核糖核酸镁盐结合，使染色更牢固。

3. 脱色剂能将 G^- 体内的染料复合物溶解后流出，而对于 G^+ 的脱色就不明显，一方面由于染料复合物结合牢固，另一方面细胞壁脱水而收缩，改变酒精的渗透性。

4. 复染时染料无法进入 G^+ 体内，而使 G^- 染上颜色。

五、革兰氏染色步骤

涂片→干燥→固定→结晶紫染色（冲洗和吸干）→媒染碘液（冲洗和吸干）→脱色（冲洗、吸干）→复染（冲洗、吸干）→镜检→清洗。

注意：1. 清洗：载玻片浸入 0.2%过氧乙酸 2h，取出擦干净后浸入 95%乙醇中；

2. G^+：紫色；G^-：红色。

六、影响 G 染色的因素

1. pH 值变动，导致细菌所带电荷的变化；
2. 脱色时间过长和过短都会带来错误；
3. 涂片太湿，使酒精浓度变稀，强涂了脱色；
4. 涂片太厚，染料重叠，使脱色不完全；
5. 紫外线照射使 $G^+ \rightarrow G^-$。

七、G 染色配方

1. 结晶紫：

甲：2g 结晶紫于 95%乙酸→20ml。

乙：0.8g 硫酸铵于 80ml 蒸馏水。

甲乙两种溶液相混。

2. 卢哥氏碘液：

$1gI_2$＋2gKI＋少许蒸馏水溶解→300ml。

3. 脱色剂 95％酒精。

4. 复染液：0.25％蕃红或沙黄＋10ml95％酒精→加蒸馏水至 300ml。

【思考题】

1. 叙述革兰氏染色步骤和革兰氏染色的原理。
2. 为什么大肠菌群可作为水的卫生学指标?
3. 叙述采用滤膜法测定饮用水大肠菌群的方法、步骤及要点。

项目15
活性污泥生物相的观察

【项目概述】

生物相是指活性污泥中微生物的种类、数量、优势度及其代谢活力等状况的概貌。生物相能在一定程度上反映出活性污泥法系统的处理质量及运行状况。当环境条件（如进水浓度及营养、pH、有毒物质、溶氧、温度等）变化时，在生物相上也会有所反映。那么如何通过活性污泥中微生物的变化，及时发现异常现象或存在的问题呢？这就是我们要学习的。

任务15.1 活性污泥的显微镜观察

【任务描述】

通过学习、使用显微镜观察活性污泥生物相的方法，使学生规范使用显微镜观察活性污泥生物相。了解活性污泥生物相的变化对水质、水处理的指示作用，解释活性污泥中的原生动物、后生动物的指示作用。

【学习支持】

一、仪器设备

1. 显微镜。
2. 载玻片、盖玻片。
3. 活性污泥混合液。

二、注意事项

1. 活性污泥混合液一滴于载玻片，盖上盖玻片，不得留有气泡。
2. 显微镜观察

低倍镜观察：污泥颗粒大小，结构松紧程度，菌胶团细菌与丝状菌的比例、生长状况，并记录。

高倍镜观察：微型动物的种类，外形，数量，内部结构。

【任务实施】

一、活性污泥的结构观察

1. 取曝气池新鲜活性污泥，盛放到 100mL 量筒中，静置 5～15min。

2. 观察在静置条件下污泥的沉降速率，沉降后泥水分界面是否分明，上清液是否清澈透明。凡沉降速率快、泥水界面清晰、上清液中未见细小污泥絮粒悬浮于其中的污泥样品性能较好。

3. 取活性污泥制成压片标本（将污泥压在载玻片与盖玻片之间），置于显微镜载物台上。

4. 用低倍镜观察污泥絮体的大小、形状、结构紧密程度。

5. 高倍镜下观察生物活动的状态观察；同一种生物数量增减的情况观察；生物种类的变化。运行正常的活性污泥，污泥絮粒大、边缘清晰、结构紧密，具有良好的吸附及沉降性能。微型动物中以固着类纤毛虫为主，如钟虫、盖纤虫、累枝虫等；还可见到部分楯纤虫在絮粒上爬动，偶尔还可看到少量的游动纤毛虫等，在出水水质良好时轮虫生长活跃。

二、生物活动的状态观察

以钟虫为例，可观察其纤毛摆动的快慢，体内是否积累有较多的食物胞，伸缩泡的大小与收缩以及繁殖的情况等。微型动物对溶解氧的适应有一定的极限范围，当水中溶解氧过高或过低时，能见钟虫“头”端突出一个空泡，俗称“头顶气泡”。进水中难以分解或抑制性物质过多以及温度过低时，可见钟虫体内积累有未消化颗粒并呈呆滞状态，长期下去会引起虫体中毒死亡。

进水 pH 突变时，能见钟虫呈呆滞状态，纤毛环停止摆动，轮虫缩入被甲内。此外，当环境条件不利于污泥中原生动物生存时，一般都能形成胞囊，这时原生质浓缩，虫体变圆收缩，体外围有很厚的被囊，以利度过不良条件。在出现上述现象时，即应查明原因，及时采取调控措施。

三、同一种生物数量增减的情况观察

污泥膨胀往往与丝状细菌和菌胶团细菌的动态变化密切相关，我们可根据丝状细菌增长的趋势，及时采取必要措施，同时观察这些措施的效果。

在培菌阶段，固着型纤毛虫的出现，即标志着活性污泥已开始形成，出水已显示净化效果。轮虫及颗体虫于培菌后期出现时，处理效果往往极为良好。但当污泥老化、结构松散解絮时，细小絮粒能为轮虫提供食料而促使其恶性繁殖，数量急剧上升，最后污泥被大量吞噬或流失，轮虫可因缺乏营养而大量死亡。

四、生物种类的变化

培菌阶段，随着活性污泥的逐渐生成，出水由浊变清，污泥中生物的种类发生有规律的演替，这是培菌过程的正常现象。在正常运行阶段，若污泥中生物的种类突然发生变化，可以推测运行状况亦在发生变化。如污泥结构松散时，常可发现游动纤毛虫大量增加；出水混浊、处理效果较差时，变形虫及鞭毛虫类原生动物的数量会大大增加。

一般在运行正常的城市污水处理厂的活性污泥中，污泥絮粒大、边缘清晰、结构紧密，具有良好的吸附及沉降性能。絮粒以菌胶团细菌为骨架，穿插生长着一些丝状细菌，但其数量远少于菌胶团细菌。微型动物中以固着类纤毛虫为主，如钟虫、盖纤虫、累枝虫等；还可见到部分楯纤虫在絮粒上爬动，偶尔还可看到少量的游动纤毛虫等，在出水水质良好时轮虫生长活跃。根据我们多年的实践工作，对生物相的观察应注重如下几个方面。

应当指出，工业废水因种类繁多、成分各异，各处理厂的活性污泥生物相可能有很大差异。生产中应通过长期观察，找出本厂废水水质变化同生物相变化之间的对应关系，用以指导运行管理。

有人根据多年观察，在石化废水活性污泥法处理系统中找到了以稳态运行时常见的几种微型动物数量的变化来预测处理效果的方法。当活性污泥中累枝虫、钟虫、楯纤虫、裂口虫的数量呈增长趋势时，出水水质明显变好，出水 BOD_5 值下降，出水悬浮物浓度也随之下降。而当鞭毛虫出现并逐渐增长时，出水中的 BOD_5 与悬浮物浓度均上升。此外，他们还以稳态运行时出现的累枝虫、钟虫和楯纤虫这三种主要原生动物数量的消长来预报污泥中毒现象。

运行资料表明，当这三种原生动物部分或全部消失的前一天，或在消失的过程中，进水中的硫化物、氰化物、甲醛、丙烯腈、乙醛及异丙醇等有毒有害物质当中的一种或数种的浓度超过正常值的数倍、甚至数十倍，此时 BOD_5 的去除率也明显下降。因此，当从生物相观察中发现这三类生物数量下降或消失时，应及时从水质中查找原因，以采取相应措施，避免处理系统的恶化，甚至失败。

【评价】

一、数据记录（表 15-1）

表 15-1

微型动物名称	一滴活性污泥混合液内的个数	1ml 活性污泥混合液内的个数	状态描述
钟虫			
累枝虫			
群体钟虫			
线虫			
其他			

说明：1. 状态描述：活性污泥絮体大小、形状（圆形、封闭状）、絮体厚实程度，结构紧密程度。

2. 一滴＝0.05ml，若一滴中有 30 只，每毫升＝30×20 只。

二、过程评价(表 15-2)

表 15-2

项目	准确性		规范性	得分	备注
	独立完成	老师帮助下完成			
活性污泥的结构观察					
生物活动的状态观察					
同一种生物数量增减的情况观察					
生物种类的变化					
综合评价：				综合得分：	

【知识衔接】

一、活性污泥

在废水处理过程中，微生物是以活性污泥和生物膜的形式存在并起作用的。所谓活性污泥，是经人工培养的，由细菌、原生动物等微生物与悬浮物质、胶体物质混杂在一起的具有很强吸附分解有机物能力的絮状体颗粒。生物膜其实就是附着在填料上呈薄膜状的活性污泥。

活性污泥应具有以下主要特征，而使它具有净化废水的作用：

（1）具有很强的吸附能力。据研究，生活污水在 10～30min 内可因活性污泥的吸附作用而去除多达 85%～90%的 BOD。另外，废水中铁、铜、铅、镍、锌等金属离子，有大约 30%～90%能被活性污泥通过吸附去除。

（2）具有很强的分解、氧化有机物的能力。被活性污泥吸附的大分子有机物质，在微生物细胞分泌的胞外酶的作用下，变成小分子的可溶性的有机物质，然后透过细胞膜进入微生物细胞，这些被吸收的营养物质，再由胞内酶的作用，经过一系列生化反应，氧化为无机物并放出能量，这就是微生物的分解作用。与此同时，微生物利用氧化过程中产生的一些中间产物，和呼吸作用释放的能量来合成细胞物质，这就是微生物的同化作用。在此过程中，微生物不断生长繁殖，有机物也就不断地被氧化分解（见图 2-23）。在废水处理中生长的微生物细胞就表现为活性污泥或生物膜的增长。

（3）具有良好的沉降性能。这是因为活性污泥具有絮状结构的缘故。正是由于这一性能，才使处理水比较容易地与污泥分离，最终达到废水净化的目的。

以活性污泥法为主的废水好氧生物处理因其对污染物降解效率高、处理效果好，而且可处理的水量大、运行成本低、工艺技术十分成熟，它已成为城市生活污水和多种工业废水的主要处理手段。国外，在 20 世纪 70 年代使水域有机污染基本得到控制，也与该技术的大规模普及应用有关。

二、原生动物

1. 原生动物的形态及生理特性

原生动物使动物界中最低等的单细胞动物。它们的个体都很小，长度一般在 100～

300μm之间（少数大的种类长度可达几个毫米，而个别小的种类的长度则只有几个μm）。每个细胞常只有一个细胞核、少数种类也有两个或两个以上细胞核的。原生动物在形态上虽然只有一个细胞，但在生理上却是一个完善的有机体，能和多细胞动物一样进行使营养、呼吸、排泄、生殖等技能。其细胞体内各部分有不同的分工，形成技能不同的“胞器”，例如：行动胞器——伪足、鞭毛和纤毛等。

消化、营养细胞——废水生物处理中原生动物的营养方式有以下几类：①动物性营养：以吞食细菌、真菌、藻类或有机颗粒为主，大部分原生动物采取这种营养方式；②植物性营养：与植物的营养方式一样，在有阳光的条件下，可利用二氧化碳和水合成碳水化合物，只有少数的原生动物采取这种营养方式，如植物性鞭毛虫；③腐生性营养：以死的机体、腐烂的物质为主。有些动物性营养的原生动物具有胞口、胞咽等。

排泄胞器——大多数原生动物具有专门的排泄曝气——伸缩泡。伸缩泡一伸一缩，即可将原生动物体内多余的水分及积累在细胞内的代谢产物排出体外。

感觉胞器——一般原生动物的行动胞器就是它的感觉胞器。个别的原生动物有专门的感觉器官——眼点。

水处理中常见的原生动物有三类：肉足类、鞭毛类和纤毛类。

(1) 肉足类

肉足类原生动物只有细胞质本身形成的一层薄膜。它们大多数没有固定的形状，少数种类为球形。细胞质可伸缩变动而形成伪足，作为运动和摄食的胞器。绝大部分肉足类都是动物性营养。肉足类原生动物没有专门的胞口，完全靠伪足摄食，以细菌、藻类、有机颗粒和比它们身小的原生动物为食物。

可以任意改变形状的肉足类为根足变形虫，一般就叫做变形虫。还有一些体形不变的肉足类，呈球形，它的伪足呈针状，如辐射变形虫和太阳虫等。

肉足类在自然界分布很广，土壤和水体中都有。中污带水体是多数种类的最适宜的生活环境，在污水中和废水处理构筑物中也有发现。就卫生方面来说，重要的水传染病阿米巴痢疾（赤痢）就是由于寄生虫的变形虫赤痢阿米巴所引起的。

(2) 鞭毛类

这类原生动物因为具有一根或一根以上的鞭毛，所以统称鞭毛虫或鞭毛类原生动物。鞭毛长度大致与其体长相等或更长些，是运动器官。鞭毛虫又可分为植物性鞭毛虫和动物性鞭毛虫。

① 植物性鞭毛虫　多数有绿的色素体，是仅有的进行植物性营养的原生动物。此外，有少数无色的植物性鞭毛虫，它们没有绿的色素体，但具有植物性鞭毛虫所专有的某些物质，如坚硬的表膜和副淀粉粒等，形体一般都很小，它们也会进行动物性营养。在自然界中绿色的种类较多，在活性污泥中则无色的植物性鞭毛虫较多。

最普通的植物性鞭毛虫为绿眼虫。它是植物性营养型，有时能进行植物式腐生性营养。最适宜的环境是α—中污性小水体，同时也能适应多污性水体。在生活污水中较多，在寡污性的静水或流水中极少。在活性污泥中和生物滤池表层滤料的生物膜上均有发现，但为数不多。

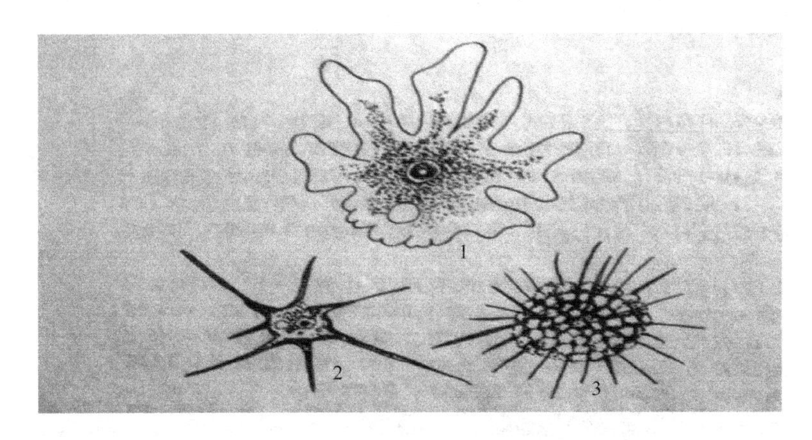

图 15-1　肉足类原生动物

1—变形虫；2—辐射变形虫；3—太阳虫

② 动物性鞭毛虫　这类鞭毛冲体内无绿色的色素体，也没有表膜、副淀粉粒等植物性鞭毛虫所特有的物质，一般体形很小。它们是靠吞食细菌等微生物和其他固体食物生存的，有些还兼有动物式腐生性营养。在自然界中，动物性鞭毛虫生活在腐化有机物较多的水体内。在废水处理厂曝气池运行的初期阶段，往往出现动物性鞭毛虫。

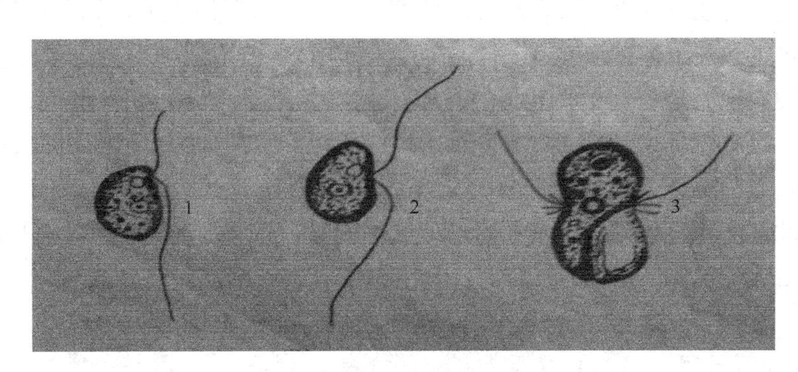

图 15-2　动物性鞭毛虫

1—梨波豆虫；2—跳侧滴虫；3—活泼锥滴虫

常见的动物性鞭毛虫有梨波豆虫和跳侧滴虫等。此外还有杆囊虫，它的鞭毛比眼虫粗，利用溶解于水中的有机物进行腐生性营养；还有一种衣滴虫，有两根鞭毛和两个伸缩泡。有些能进行光合作用的鞭毛类原生动物常被划分在藻类植物中。

纤毛虫是原生动物中构造最复杂的，不仅有比较明显的胞口，还有口围、口前庭和胞咽等司吞食和消化的细胞器官。它的细胞核有大核（营养核）和小核（生殖核）两种，通常大核只有一个，小核则有一个以上，纤毛类可分为游泳型和固着型两种。前者能自由游动，如周身有纤毛的草履虫，后者则固着在其他动物上生活，如钟虫等。

固着型的纤毛虫可形成群体。纤毛虫喜吃细菌及有机颗粒。竞争能力也较强，所以与废水生物处理的关系较为密切。

（3）纤毛类

纤毛类原生动物或纤毛虫的特点是周身表面或部分表面具有纤毛，作为行动或摄食的工具。在废水处理生物中常见的游泳型纤毛虫有草履虫、肾形虫、豆形虫、漫游虫、裂口虫、楯纤虫等。

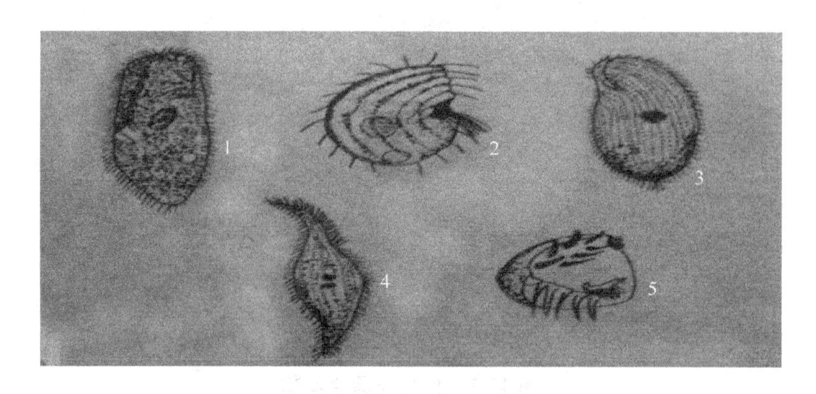

图 15-3　游泳型纤毛虫

1—草履虫；2—肾形虫；3—豆形虫；4—漫游虫；5—楯纤虫

常见的固着型纤毛虫主要是钟虫类。钟虫类因外形象敲的钟而得名。钟虫前端有环形纤毛丛构成的纤毛带，形成似波动膜的构造。纤毛摆动时使水形成旋涡，把水中的细菌、有机颗粒引进胞口。食物在虫体内形成食物泡。当泡内食物逐渐被消化和吸收后，泡亦消失，剩下的残渣和水分渗入较大的伸缩泡。伸缩泡逐渐胀大，到一定程度即收缩，把泡内废物排出体外。伸缩泡只有一个，而食物泡的个数则随钟虫活力的旺盛程度而增减。大多数钟虫在后端有尾柄，它们靠尾柄附着在其他物质（如活性污泥、生物滤池的生物膜）上。也有无尾柄的钟虫，它可在水中自由游动。有时有尾柄的钟虫也可离开原来的附着物，靠前端纤毛的摆动而移到另一固体物质上。大多数钟虫类进行裂殖。有尾柄的钟虫的幼体刚从母体分裂出来，尚未形成尾柄时，靠后端纤毛带摆动而自由游动。

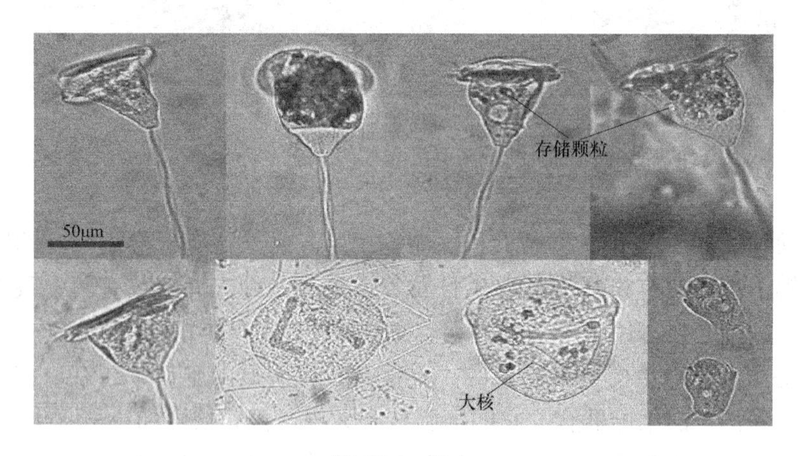

图 15-4　钟虫

常见的单个个体的钟虫类有小口钟虫、沟钟虫、领钟虫等。这种单个个体的钟虫统称为钟虫或普通钟虫。

常见的群体钟虫类有等枝虫（也称累枝虫）和盖纤虫（盖虫）等。常见的等枝虫有柄累枝虫，盖纤虫有集盖虫、彩盖虫等。等枝虫的各个钟形体的尾柄一般互相连接呈等枝状，也有不分枝而个体单独生活的。

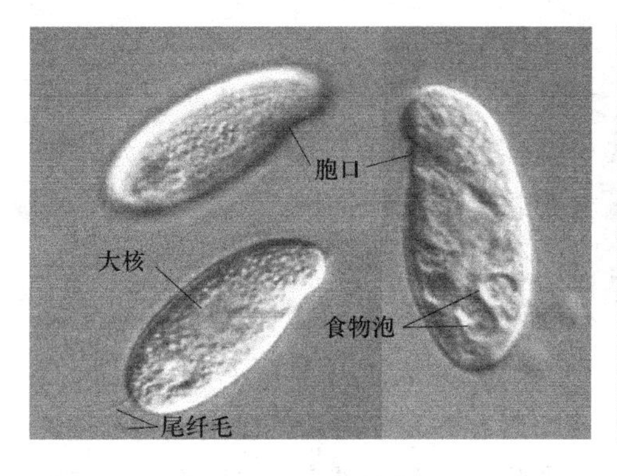

图 15-5　豆形虫

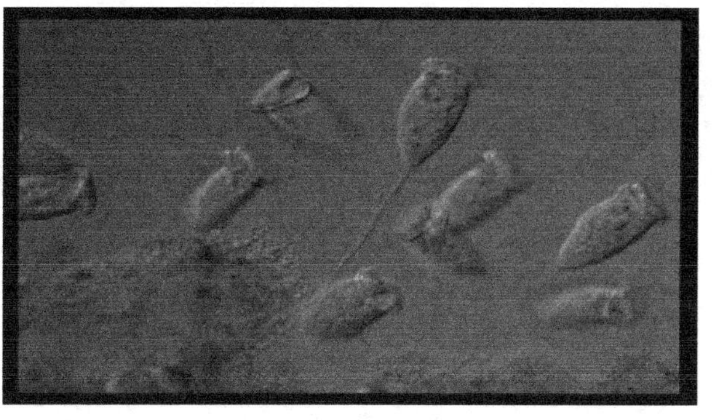

图 15-6　单个个体的钟虫

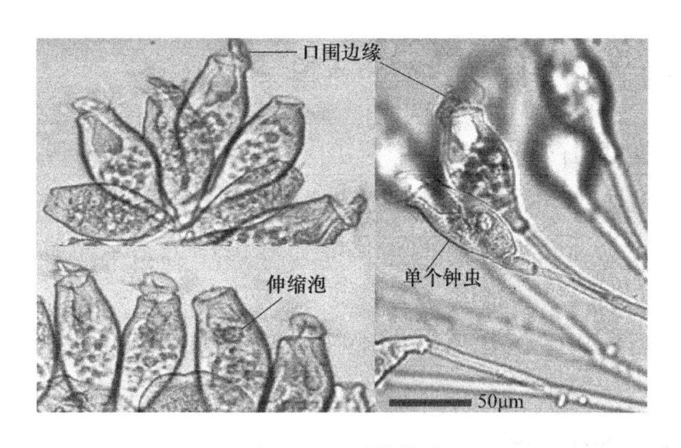

图 15-7　群体钟虫

图 15-8　累枝虫

盖纤虫的虫体的尾柄在顶端互相连接，虫口波动膜处生有“小柄”。集盖虫的虫体一般为卵圆形或近似犁形，中部显著地膨大，前端口围远较最宽阔的中部为小，尾柄细而柔弱，群体不大，常不超过 16 个个体。彩盖虫的虫体伸直时近似纺锤形，体长约为体宽的 3 倍。

收缩是类似卵圆形，尾柄较粗而坚实，群体较小，一般由 2～8 个个体组成。等枝虫和盖纤虫的尾柄内，不像普通钟虫，都没有肌丝，所以尾柄不能伸缩，当受到刺激后只

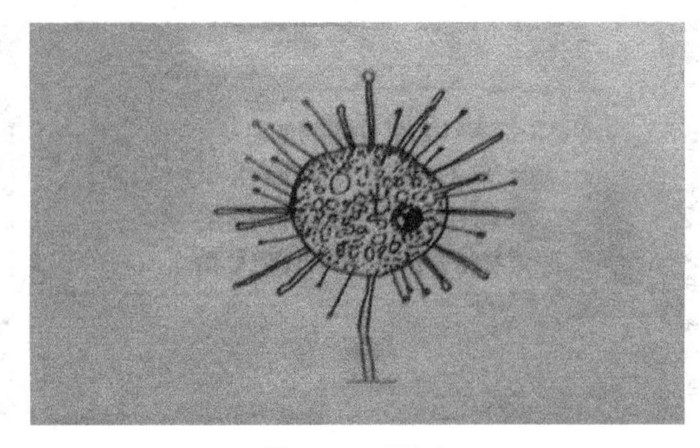

图 15-9　吸管虫

有虫体收缩。

群体钟虫和普通钟虫都经常出现于活性污泥和生物膜中，可作为处理效果较好的指示生物。

水中原生动物除上述 3 类外，还有吸管虫类原生动物和孢子类原生动物。吸管类成虫具有吸管，并也长有柄，固着在固体物质上，吸管用来诱捕食物。吸管虫在废水处理中的作用还没有很好地研究。

三、原生动物在废水生物处理中的作用

细菌数量多，分解有机物的能力强，并且繁殖迅速，所以对废水生物处理起作用的主要是细菌。其次则是原生动物，这是因为原生动物在污水中的数量也不少，常占微型动物总数的 95%以上，并且也有一定的净化能力和可作为指示生物，用以反映活性污泥和生物膜的质量以及废水净化的程度。

在氧化塘一类的构筑物中，藻类的作用则比原生动物更重要，当然细菌还是最主要的作用。

1. 原生动物对废水净化的影响

动物性营养型的原生动物，如动物性鞭毛虫、变形虫、纤毛虫等能直接利用水中的有机物质，对水中有机物的净化是一定的积极作用。但是这些原生动物是以吃细菌为主的，它们直接提高有机物去除率的作用，还需进一步研究。

在活性污泥法中，纤毛虫可促进生物絮凝作用。活性污泥凝聚得好，就会在二次沉淀池中沉降得好，从而改善出水水质。细菌本身也有生物凝聚作用，但纤毛虫能促进凝聚。

纤毛虫能大量吞食细食，特别是游离细菌，因此可改善生物处理法出水的水质（表 15-3）。

纤毛虫在废水净化中的作用　　表 15-3

项目	未加纤毛虫	加入纤毛虫
出水平均 BOD5（mg/L）	54～70	70～24
过滤后 BOD5（mg/L）	30～35	3～9
平均有机氮（mg/L）	31～50	14～25
悬浮物（mg/L）	50～73	17～58
沉降 30min 的悬浮物（mg/L）	37～56	10～36
100nm 时的光密度	0.340～0.517	0.051～0.219

2. 以原生动物为指示生物

由于不同种类的原生动物对环境条件的要求不同，对环境变化的敏感程度也不同，所以可以利用原生动物种群的生长情况，判断生物处理构筑物的运转情况及废水净化的

效果。原生动物的形体比细菌大得多，以低倍显微镜即可观察，因此以原生动物为指示生物是较为方便的。

对废水处理构筑物中的原生动物进行镜检时，需注意以下几方面：

（1）原生动物种类的组成；

（2）种类的数量变化；

（3）各种群的代谢活力。

在生物处理构筑物中会有一些常见种类。根据湖北省水生生物研究所的观察和分析，在我国一些污水处理厂的活性污泥中，最常见的纤毛虫是小口钟虫、沟钟虫、八钟虫、领钟虫、瓶累（等）枝虫、关节累（等）枝虫、集盖虫、微盘盖虫、彩盖虫、螅状独缩虫、有肋楯纤虫、盘壮游仆虫、卑怯管叶虫；肉足类虫是蛞蝓变形虫、点滴简变虫、小螺足虫；鞭毛虫是尾波豆虫、犁波豆虫、粗袋鞭虫等。

由于大多数原生动物是广栖性的，即能忍受很宽的环境范围，所以某些种类的少量出现并不能完全说明构筑物的处理效果。必须注意各种类的数量变化。研究表明，当活性污泥法曝气池的有机负荷、曝气时间。

有机物去除率等大幅度变化时，种类组成差别相当小，而各主要种类的数量变化则是很大的。说明原生动物对环境的忍受幅度虽然很宽，但大量生长的最适宜环境的范围还是窄的，例如，某些原生动物对溶解氧的有无很敏感，特别是普通的钟虫，当水中溶解氧含量适中时，很活跃；当溶解氧少于 1mg/L 时，就很不活跃，前端会出现一个大气泡（也有人发现氧过多时钟虫前端也会有大气泡）。所以，钟虫前端出现气泡，往往说明充氧不正常，水质将变坏。

此外，环境条件恶劣时，也发现钟虫尾柄脱落，虫体变形，甚至变成圆柱形，如果环境不改善，则虫体越变越长，以致死亡。等枝虫对恶劣环境的耐受力一般比普通钟虫强。根据有些废水处理站的运转经验，在处理含硫废水时，当含硫量提高到 100mg/L，其他原生动物均不出现了，普通钟虫大大减少，而等枝虫仍正常生活。原生动物生长适宜的 PH 范围与细菌和藻类的相仿，但很多原生动物的变化情况，常可在细菌受到影响之前采取适当的措施。

一般情况下，在活性污泥的培养和驯化阶段中，原生动物种类的出现和数量的变化往往按一定的顺序进行。在运行初期曝气池中常出现鞭毛虫和肉足虫。若钟虫出现且数量较多，则说明活性污泥已成熟，充氧正常。例如，湖北省水生生物研究所在武汉印染厂的活性污泥中观察到，当有柄纤毛虫数量最多时，溶解氧为 1～3mg/L，污泥的性能良好。在正常运行的曝气池中，如果固着型纤毛虫减少，游泳型纤毛虫突然增加，表明处理效果将变坏。

除原生动物的种类和数量外，还应注意各种群的代谢活力。例如，纤毛虫在环境适宜时，用裂殖方式进行生殖；当食物不足，或溶解氧、温度、pH 值不适宜，或者有毒物质超过其忍受限度时，就变为结合生殖，甚至形成孢囊以保卫其身体。所以，当观察到纤毛虫活动力差，钟虫类口盘缩进、伸缩泡很大，细胞质空泡化、活动力差、畸形、接合生殖、有大量孢囊形成等现象时，即使虫数较多，也说明处理效果不好。

根据以上叙述可知，在废水的生物处理厂（站）中应对原生动物进行长期的显微镜观察，以掌握本厂正常运转时常见的而且数量多的种类。然后根据日常的镜检结果，就可对废水处理的效果进行判断。如果发现偶然见到的种突然猛增或其他不正常现象，就说明运转出现了问题，应及时采取补救措施，以保证处理工作的正常运行。

应当指出，无论用原生动物或其他微型动物作为指示生物，使用时都要谨慎，因为它们虽然可以直接在显微镜下观察，但作为指示生物都还没有正确的定型方法，目前只能起辅助理化分析的作用。

四、后生动物

后生动物也称多细胞动物，其机体不像原生动物，是有多细胞组成。在水处理工作中常见的后生动物主要是多细胞的无脊椎动物，包括轮虫、甲壳类动物和昆虫及其幼虫。

（一）轮虫

轮虫是多细胞动物中比较简单的一种。其身体前端有一个头冠，头冠上有一列、二列或多列纤毛形成纤毛环。纤毛环经常摆动，将细菌和有机颗粒等引入口部，纤毛环还是轮虫的行动工具。轮虫就是因其纤毛环摆动时状如旋转的轮盘而得名。轮虫有透明的壳，两侧对称，体后多数有尾状物。

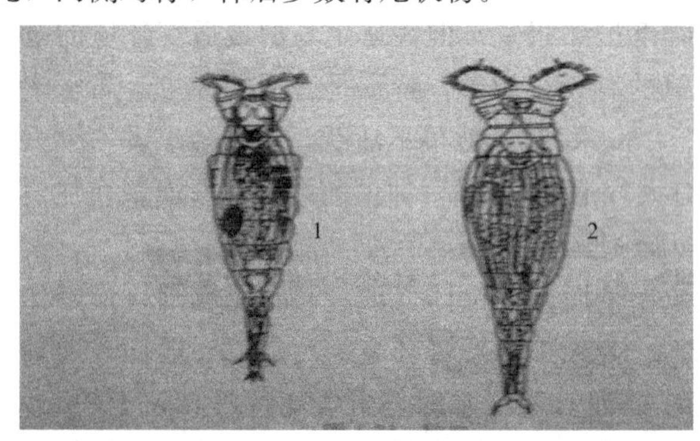

图 15-10　轮虫

1—转轮虫；2—红眼旋轮虫

轮虫以细菌、小的原生动物和有机颗粒等为食物，所以在废水的生物处理中有一定的净化作用。

在废水的生物处理过程中，轮虫也可作为指示生物。当活性污泥中出现轮虫时，往往表明处理效果良图好，但如数量太多，则有可能破坏污泥的结构，使污泥松散而上浮。活性污泥中常见的轮虫有转轮虫、红眼旋轮虫等。

轮虫在水源水中大量繁殖时，有可能阻塞水厂的砂滤池。

（二）甲壳类动物

通常提到甲壳类动物就会使人想到虾类。水处理中遇到的多为微型甲壳类动物，这类生物的主要特点是具有坚硬的甲壳。在给水排水工程中常见的甲壳类动物有水蚤和剑水蚤（图 15-11）。它们以细菌和藻类为食料。它们若大量繁殖，可能影响水厂滤池的正常运行。氧化塘出水中往往含有较多藻类，可以利用甲壳类动物去净化这种出水。

（三）其他小动物

水中有机淤泥和生物黏膜上常生活着一些其他小动物，如线虫（图 15-12）和昆虫包括其幼虫等。在废水生物处理的活性污泥和生物膜中都可发现线虫。线虫的虫体为长线形，在水中的一般长 0.25～2mm，断面为圆形。有些线虫是寄生性，在废水处理中遇到的是独立生活的。线虫可同化其他微生物不易降解的固体有机物。

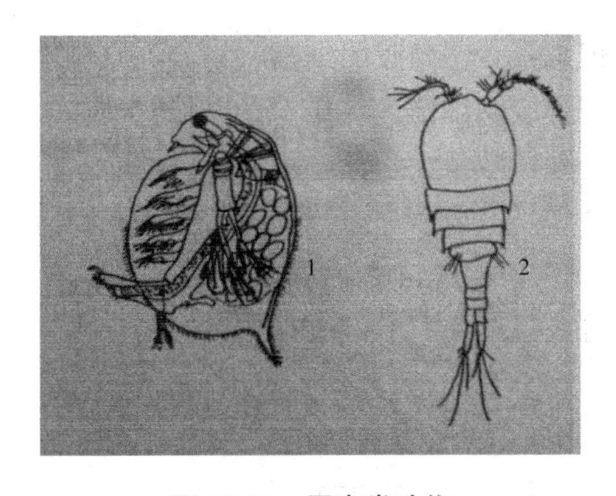

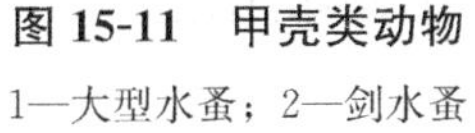
图 15-11　甲壳类动物

1—大型水蚤；2—剑水蚤

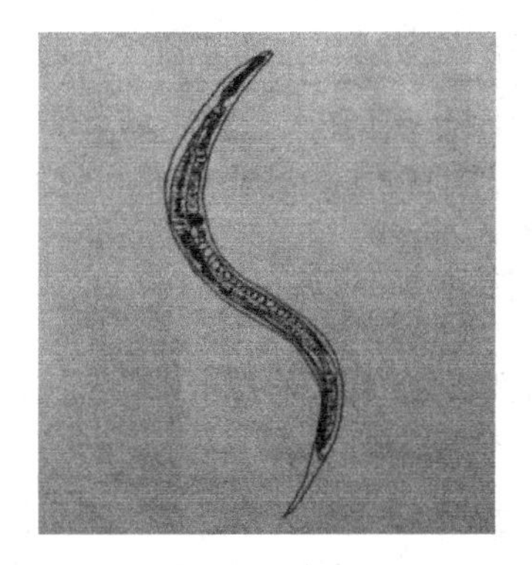

图 15-12　线虫

在水中可被发现的小虫或其幼虫还有摇蚊幼虫、蜂蝇幼虫和颤蚯蚓等，这些生物都可用作研究河川污染的指示生物。动物生活是需要氧气，但微型动物在缺氧的环境里也能数小时不死。一般说，在无毒废水的生物处理过程中，如无动物生长，往往说明溶解氧不足。

【思考题】

1. 叙说活性污泥生物相的微生物演替规律。说明后生动物的出现对废水处理的影响。
2. 在废水生物处理中，为什么要对活性污泥进行生动相观察？

任务 15.2　活性污泥中丝状微生物的鉴别

【任务描述】

活性污泥中经常出现的丝状硫细菌，如发硫细菌、贝氏硫细菌等，对溶解氧含量的变化非常敏感。当水中溶氧不足时，能将水中的 H_2S 氧化为硫，并以硫粒的形式积存于体内（可用低倍显微镜看到）。通过学习对硫细菌体内硫粒的观察，间接地推测水中溶解氧的状况。

【任务支持】

一、仪器设备

1. 显微镜。
2. 载玻片、盖玻片。
3. 活性污泥混合液。

二、活性污泥中丝状菌数量五个等级描述

1. 0 级：污泥中几乎无丝状菌存在；
2. ±级：污泥中存在少量丝状菌；

3. ＋级：存在中等数量的丝状菌，但总量少于菌胶团细菌；
4. ＋＋级：存在大量丝状菌，总量与菌胶团细菌大致相等；
5. ＋＋＋级：污泥絮粒以丝状菌为骨架，数量大于菌胶团细菌。

三、注意事项

1. 活性污泥混合液一滴于载玻片，盖上盖玻片，不得留有气泡。
2. 显微镜观察。
低倍镜观察：观察污泥絮体的大小、形状、结构紧密程度，并记录。
高倍镜观察：观察污泥絮粒中菌胶团细菌与丝状细菌的比例。

【任务实施】

活性污泥中丝状微生物的鉴别
1. 取曝气池新鲜活性污泥，制成压片标本（将污泥压在载玻片与盖玻片之间）；
2. 置于显微镜载物台上，先用低倍镜观察污泥絮体的大小、形状、结构紧密程度；
3. 高倍镜下观察污泥絮粒中菌胶团细菌与丝状细菌的比例，絮粒外游离细菌的多寡，凡絮粒大、近圆形、封闭状、絮粒胶体厚实、结构紧密、丝状菌数量较少、未见游离细菌的污泥沉降及凝聚性能较好。

【评价】

一、数据记录（表 15-4）

表 15-4

微生物名称	状态描述
丝状菌	
细菌（菌胶团）	
真菌	
藻类	
其他	

状态描述说明：各类微生物状况，丝状菌数量，游离细菌有否（多少）。

二、过程分析

1. 污水中菌胶团细菌与丝状细菌之间有什么关系？
2. 为何操作过程中，盖上盖玻片后不得有气泡？

【知识衔接】

一、菌胶团在废水生物处理中的作用

菌胶团是活性污泥（如废水生物处理构筑物曝气池所形成的污泥）中细菌的主要存在形式，有较强的吸附和氧化有机物的能力，在废水生物处理中具有较为重要的作用。一般说，处理生活污水的活性污泥，其性能的好坏，主要可根据所含菌胶团多少、大小、及结构的紧密程度来定。

新生菌胶团（即新形成的菌胶团）颜色较浅，甚至是无色透明，但有旺盛的生命力，氧化分解有机物的能力强。老化了的菌胶团，由于吸附了许多杂质，颜色较深，看不到细菌单体，而像一团烂泥似的，生命力较差。一定量的细菌在适宜环境条件下形成一定形态结构的菌胶团，而当遇到不适宜的环境时，菌胶团就发生松散，甚至呈现单个游离细菌，影响处理效果。因此，为了使废水处理达到较好的效果，要求菌胶团结构紧密，吸附、沉降性能良好。就必须满足菌胶团细菌对营养及环境的要求。

二、放线菌和丝状细菌

在自然界中，有一些单细胞而有细长分枝的放线菌。此外，铁细菌、硫细菌和球衣细菌又常称为丝状细菌。这类细菌的菌丝体外面有的包着一个筒状的黏性皮鞘，组成鞘的物质相当于普通丝状菌的荚膜，由多糖类物质组成。工程上常把菌体细胞能相连而形成丝状的微生物统称丝状菌，如丝状细菌、放线菌、丝状真菌和丝状藻类（如蓝细菌）等。

1. 放线菌

放线菌是一种有细长分枝的单细胞丝体，它的菌体由不同长短的纤细的菌丝组成。菌丝相当长，约在 50～60μm 之间，直径与细菌的大小较接近，一般约 0.5～1μm，最大不超过 1.5μm，内部相通，一般无隔膜。菌丝分两部分：营养菌丝和分生孢子（也叫气生孢子）。

大多数放线菌式好氧性的。一般生长最最适宜的 pH 值为 7～8，也就是中性偏碱。最适宜的温度为 25～30℃。放线菌多数是腐生性的，也有寄生性的，有些寄生种能使动植物致病。经研究发现某些放线菌有氧化分解无机氰化物（CN^-）的能力，着对于含氰废水的生物处理有重要意义。

2. 铁细菌

水中常见的铁细菌有多孢泉发菌、赭色纤发菌和含铁嘉利翁氏菌等。铁细菌一般都是自养的丝状细菌。

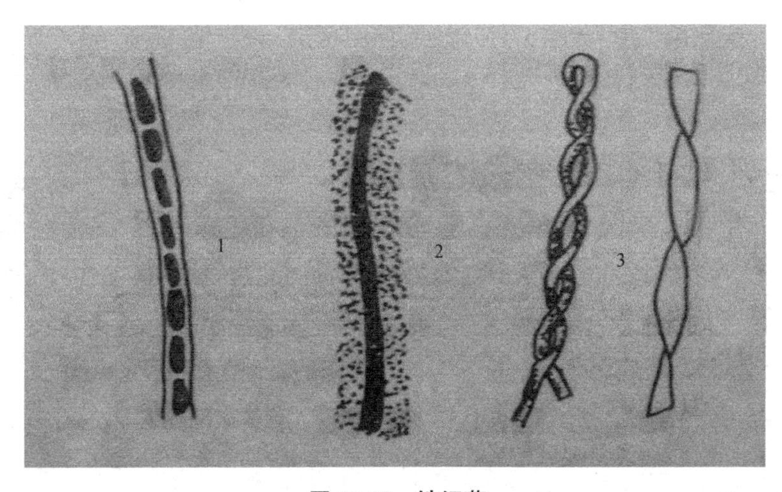

图 15-13　铁细菌

1—多孢泉发菌；2—赭色纤发菌；3—含铁嘉利翁氏菌

多孢泉发菌的丝状体不分枝，附着在坚固的基质上，基部和顶端有差别。鞘清楚可见，顶端薄而无色，基部厚并被铁所包围。细胞有圆筒形的和球形的，可产生球形的分生孢子。

赭色纤发菌的丝状体有鞘，呈黄色或褐色，被氢氧化铁所包围。在地面水中广泛分布。

含铁嘉利翁氏菌是有柄的细菌，绞绳状对生分枝，没有证明有鞘存在。因为还没有发现其他细菌有这种形状，所以这种扭曲的丝状体很容易鉴定。当卷曲的环被附着的铁所包围时，其丝状体就好像一串念珠。这种细菌也广泛地分布于自然界中。

铁细菌一般能生活在含氧少但溶有较多铁质和二氧化碳的水中。它们能将其细胞内所吸收的亚铁氧化为高铁，从而获得能量，其反应如下：

$$FeCO_3+O_2+6H_2O \rightarrow 4Fe(OH)_3+4CO_2+167.5J$$

式中以碳酸盐为碳素来源，亚铁的氧化为能量来源，但反应产生的能量很小。它们为了满足对能量的需要，必须要有大量的高铁，如 $Fe(OH)_3$ 的形成。这种不溶性的铁化合物排除菌体后就沉淀下来。这说明了为什么在含有自养铁细菌的水中发现大量 $Fe(OH)_3$ 的沉淀。当水管中有大量氢氧化铁沉淀时，就会降低水管的输水能力，水管中的氰氧化铁沉积物还能使水发生浑浊并呈现颜色。此外，铁细菌吸收水中的亚铁盐后，促使组成水管的铁质更多地溶入水中，因而加速了钢管和铸铁管的腐蚀。

3. 硫磺细菌

硫磺细菌一般也都是自养的丝状细菌。它们能氧化硫化氢、硫磺和其他硫化物为硫酸，从而得到能量。在给排水工程中比较常见的硫磺细菌有贝日阿托氏菌（又称白硫磺菌）和发硫细菌等。

贝日阿托氏菌是一类漂浮在池沼上的硫磺细菌，其丝状体是由一串细胞相联接并为共同的衣鞘所包围，细菌的细胞内一般含有很多硫磺颗粒。它们的丝状体不分枝，单个分散，不固着于其他物体上生长，能进行匍匐运动，或呈直线或呈曲线，并经常改变行动方向。有些贝日阿托氏菌的个体很大，如奇异贝日阿托氏菌的丝状体的宽度可达16～45μm；有些菌种，如最小贝日阿托氏菌的丝状体则只有1μm宽。

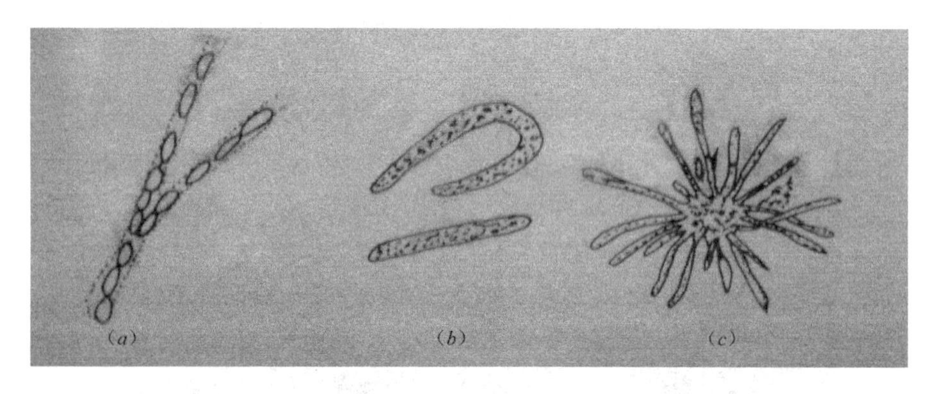

图 15-14　丝状菌

(*a*) 球衣细菌；(*b*) 白硫细菌；(*c*) 硫丝细菌（菌丝从菌胶团中伸出）

发硫细菌也是一种不分枝的丝状细菌，可固着在其他物体上生长硫磺细菌氧化硫化氰或硫磺为硫酸，同时同化 CO_2，合成有机成分。

如果环境中硫化氢充足，则形成硫磺的作用大于硫磺背氧化的作用，其结果是在菌体内积累了很多颗粒。当硫化氢缺少时，硫磺背氧的作用就大于硫磺形成的作用，这是体内硫粒逐渐消失。完全消失后，硫磺细菌死亡进入休眠状态，停止生长。

此外，还有一类所谓硫化细菌。它们能氧化硫化氢、硫或硫代硫酸钾，但不积存硫粒于细胞中。

4. 球衣细菌

球衣细菌大多具有假分枝。当皮鞘内的一个细菌细胞从皮鞘一端游出，吸附在另一个球衣细菌的菌丝体上，并发育成菌丝体，即形成假分枝。假分枝看来好像是分枝，实际上与旁边的菌丝并无关系。

球衣细菌时好氧细菌，在溶解氧低于 0.1mg/L 的微氧环境中仍能较好地生长（也有资料介绍，球衣细菌在微氧环境中生长的最好，若氧量过大，反而影响他的生长），其生长适宜的 pH 范围约为 6～8，适宜的生长温度在 30℃左右，在 15℃以下生长不良。球衣细菌在营养方面对碳素的要求较高，反应灵敏，所以大量的碳水化合物能加速球衣细菌的繁殖。此外，球衣细菌对某些杀虫剂，如液氯、漂白粉等的抵抗能力不及菌胶团。这些生理上的特性，都是生产上控制球衣细菌的重要依据。

球衣细菌分解有机物的能力很强。在废水处理设备正常运转中有一定数量的球衣细菌，对有机物的去除是有利的。上海某加速曝气池的生产试验表明，只要污泥不随水流出，即使球衣细菌多一些，有机物的去除率仍是很高的。

三、丝状菌在废水处理中的作用

丝状细菌，特别是球衣细菌，在废水处理的活性污泥中大量繁殖后，会使污泥结构极度松散，使污泥因浮力增加而上浮，引起所谓污泥膨胀，而影响出水水质。在上海某加速曝气池的生产试验中还发现，丝硫细菌对污泥膨胀的影响液很大。

应当指出，近年来还发现枯草杆菌和大肠杆菌也能引起污泥膨胀。为什么也能引起污泥膨胀？原来枯草杆菌的发育过程并不像普通细菌那样简单，而是有比较复杂的生活史，在其生长的某一阶段能形成链条状的形态。大肠杆菌的生活史虽简单，但它的个体形态不是固定不变的，它虽是杆菌，但有时短似球形，有时则呈链条状。当这两种细菌的链条状形态大量存在时，就能引起污泥膨胀，不利于污泥的沉淀。

四、真菌

真菌是低等的真核微生物，其构造比细菌复杂。它的种类繁多，包括单细胞的酵母菌和呈丝状的多胞霉菌。真菌的形态有单细胞和多细胞两种形式。与废水生物处理有关的是单细胞的酵母菌和多细胞的霉菌（霉菌也有单细胞的）。

1. 酵母菌

酵母菌是单细胞的真菌（也有多个细胞相互连接成菌丝体的），其细胞形态为圆形、卵圆形或圆柱形，内含有细胞核，核呈圆形或卵形，直径约 1μm，外围有明显的细胞壁。其菌体比细菌大几倍至几十倍，一般长 8～10μm，宽约 1～5μm。

酵母菌的生长在中性偏酸（pH=4.5～6.5）的条件下较好。酵母菌能分解碳水化合物为酒精和二氧化碳，称为发酵型酵母菌，用于酵母酿酒或发面。废水处理及综合利用方面液已开始应用。此外，酵母菌具有能将美蓝（蓝色的碱性染料）还原为无色的特点，所以能否将酵母菌应用于印染废水的生物处理，也是值得研究的。

2. 霉菌

霉菌是多细胞的腐生或寄生的丝状菌，具有一种由分枝的、丝状所组成的液状体。霉菌的繁殖能力很强，而且方式多样，分无性繁殖和有性繁殖二大类。无性繁殖是许多霉菌的主要繁殖方式，产生孢囊孢子、分生孢子、节孢子和后土亘孢子等无性孢子。有些霉菌在菌丝生长后期以有性繁殖方式形成有性孢子进行繁殖。有性繁殖方式是真菌系统分类的依据。由于霉菌产生的无性孢子数量多，体积小而轻，因此可随气流或水流到处散布。当温度、水分、养分等条件适宜时，便萌发成菌丝。因为霉菌的代谢能力很强，特别是对复杂有机物（如纤维素、木质素等）具有很强的分解能力，所以霉菌在固体废弃物的资源化处理过程中具有重要作用。

霉菌都是依靠有机物生活的微生物，能分解碳水化合物、脂肪、蛋白质及其他含氮有机化合物。大多数霉菌生活时需要氧气。适宜的生活温度在20～30℃之间，适宜的pH范围4.5～6.5。因为它们既能产生有机酸，也能产生氨去调整酸碱度，所以某些种类可以生存于pH值1～10之间的环境中。这对工业废水的生物处理有着重要的意义。

未受污染的天然水，一般很少含有真菌。如河道受到严重污染，就可在河底的灰白色沉积物中发现真菌。污水中霉菌的种类相当多，例如节水霉菌。

在活性污泥法的废水处理构筑物内，真菌的种类和数目一般没有细菌和原生动物多，其菌丝常能用肉眼看到，形如灰白色的棉花丝，粘着在沟渠或水池的内壁（粘着的丝状物中，除真菌外，还可能有一些丝状细菌）。在生物滤池的生物膜内，真菌形成广大的网状物，可能起着结合生物膜的作用。在生活污泥中，若繁殖了大量的霉菌，也会引起污泥膨胀。

经研究发现某些霉菌和镰刀霉菌等能有效地氧化分解无机氰化物（CN^-），去除率可达90%以上，对有机氰化物（腈）的处理效果则差些。因此，国内外都在进行利用霉菌处理含氰等废水的研究。另外，由于某些霉菌的蛋白质含量较高，可利用霉菌进行废水的单细胞蛋白处理。

五、藻类

1. 藻类的形态及生理特性

藻类是一种低等植物，它们的种类很多，有单细胞的，也有多细胞的，按照其形态构造、色素组成等特点，藻类可分为十纲，主要的有蓝藻、绿藻、硅藻、褐藻和金藻等。近年来发现蓝藻是原核生物，故又称蓝细菌。

藻类一般是无机营养的，其细胞内含有叶绿素及其他辅助色素，能进行光合作用。在有光照射时，能利用光能，吸收二氧化碳合成细胞物质，同时放出氧气。在夜间无阳光时，则通过呼吸作用取得能量，吸收氧气同时放出二氧化碳。在藻类很多的池塘中，昼间水中的溶解氧往往很高，甚至过饱和；夜间溶解氧会急骤下降。

藻类的pH值4～10之间可以生长，适宜的pH值则为6～8。蓝藻时单细胞或丝状的群体（由许多个体聚集而成），其细胞中除含有叶绿素等色素外，还含有多量的蓝藻素，因此藻体呈蓝绿，能使水色变蓝或其他颜色，蓝藻能适应的温度范围很广，在温度高达85℃的温泉中能大量繁殖，在多年不融化的冰上也能生长，但一般喜欢生长于较温暖的地区或一年中温暖的季节。湖泊中常见的蓝藻有铜色微囊藻、曲鱼腥藻等。在污水中或潮湿土地上常见的有灰颤藻和大颤藻。蓝藻是引起水体富营养化的主要藻类之一。有些蓝藻大量繁殖时，对牲畜有毒害作用。

绿藻是一种单细胞或多细胞的绿色植物。有些绿藻的个体较大，如水绵、水网藻等，有些则很小，必须用显微镜才能看到，如小球藻等。其细胞中的色素为主，并含有叶黄素和胡萝卜素。有的绿藻有鱼腥或青草的气味。绿藻的大部分种类适宜在微碱性的环境中生长。常见的有小球藻、栅藻、衣藻、空球藻和团藻等。大部分绿藻在春夏之交和秋季生长的最旺盛。绿藻也是引起水体富营养化的主要藻类之一。

硅藻为单细胞或单细胞群体，细胞内含有黄色素、胡萝卜素和叶绿素等。它的主要特点是细胞壁中含有大量的硅质，形成一个由两片合成的硅藻壳体。硅藻适宜在较低温度中生长，在春秋两季和冬初生长最好。一般硅藻产生香气，也有发出鱼腥气的。水中常见的硅藻有纺锤硅藻、丝状硅藻、旋星硅藻和隔板硅藻等。

金藻中有一种称为黄群藻的，能发出强烈的臭味，并使水味变苦。水中含量即使极少（1/250 万），人们也能觉察出来。

2. 藻类在给水排水中的作用

藻类对给水工程有一定的危害性。当它们在水库、湖泊中大量繁殖时，会使水带有臭味，有些种类还会产生颜色。水中有大量藻类时还可能影响水厂的过滤工作。

在排水工程中可利用污水养殖藻类。藻类光合作用放出的氧气则可供好氧微生物利用，去氧化分解水中的有机污染物。这样一方面可收获大量有营养价值的藻类，另一方面也净化了污水。废水处理中使用的氧化塘主要就是利用藻类来供应氧气的。天然水体自净过程中，藻类也起着一定的作用。

氮和磷是藻类生长所需要的两种关键性元素。用传统的二级处理法处理废水不能有效地去除它们。当前，由于大量洗涤剂的使用和工业、农业废水的排放，废水中常含有较多的磷和氮，因此可能使受纳水体中的藻类大量繁殖，产生所谓富营养化污染，造成多种危害，例如，使净化水质的工作发生困难；在夜间或藻类死亡后消耗大量氧气，因而可能危及水生生物（鱼类等）的生存；严重时，甚至使湖泊变为藻泽或旱地。遇有这种情况，就需对废水进行深度处理。

【思考题】

1. 丝状菌数量对活性污泥沉降性能的有什么影响？
2. 菌胶团在废水生物处理中的作用有哪些？
3. 藻类在对水处理中有什么影响？

参考文献

[1] 李穗芳主编. 水质检验技术. 北京：中国建筑工业出版社，2005.

[2] 水和废水监测分析方法 第四版（增补版）. 北京：中国环境出版社，2014.2002 年 12 月第四版 国家环境保护总局 水和废水监测分析方法编委会编.

[3] 夏淑梅主编. 水分析化学. 北京：北京大学出版社，2012.

[4] 马春香，边喜龙主编. 实用水质检验技术. 北京：化学工业出版社，2009.

[5] 宋业林. 水质化验技术问答. 北京：中国石化出版社，2009.

[6] 中国城镇供水协会编. 水质检验工. 北京：中国建材工业出版社，2005.

[7] 陈仪取主编. 水质分析. 北京：化学工业出版社，2006.